"十二五"职业教育国家规划教材
经全国职业教育教材审定委员会审定

U0686979

表面贴装技术

BIAOMIAN TIEZHUANG JISHU

主编　王彦云　李海涛

主审　万　忠

语文出版社

·北 京·

图书在版编目（CIP）数据

表面贴装技术 / 王彦云，李海涛主编 . —北京：
语文出版社，2015.4
ISBN 978 - 7 - 5187 - 0101 - 8

Ⅰ.①表… Ⅱ.①王…②李… Ⅲ.①SMT 技术 – 中等
专业学校 – 教材 Ⅳ.①TN305

中国版本图书馆 CIP 数据核字（2015）第 058370 号

责任编辑	冀丽萍
装帧设计	北京宣是国际文化传播有限公司
出　　版	语文出版社
地　　址	北京市东城区朝阳门内南小街 51 号　　100010
电子信箱	ywcbsywp@ 163. com
排　　版	北京风语纵贯线科学发展有限责任公司
印刷装订	北京艾普海德印刷有限公司
发　　行	语文出版社　新华书店经销
规　　格	787mm × 1092mm
开　　本	1 / 16
印　　张	10.5
字　　数	216 千字
版　　次	2015 年 6 月第 1 版
印　　次	2015 年 6 月第 1 次印刷
印　　数	1－5,000 册
定　　价	24.00 元

📞 010－65253954（咨询）010－65251033（购书）010－65250075（印装质量）

"十二五"职业教育国家规划教材

国家宣传文化发展专项资金项目成果

电子技术应用专业

"十二五"职业教育国家规划教材编写委员会

顾　问：钱金发　李云梅　石红梅

主　任：周乐挺

副主任：万　忠　贾士伟　胡立标

委　员：（按音序排列）

陈　梦　荆荣霞　李海涛　李伟莉　李维平

刘邦先　刘海燕　邵　军　盛国超　孙广江

孙修云　王德顺　王　徽　王彦云　吴　欢

许林冲　张　峰　赵　方　郑秀萍

前言

本书根据教育部最新颁布实施的《中等职业学校专业教学标准（试行）》中《表面贴装技术》主要内容和要求编写。同时也综合分析了电子制造业对应用型技术人才的需求和提高产品生产中所需的基本技能的要求，较系统地体现了电子产品生产的工艺流程和现代电子技术的发展，主要介绍目前的表面贴装技术（SMT），SMT元器件的识别与检测，表面组装焊接材料，波峰焊和回流焊技术和设备等，穿插介绍行业标准、规范和经验知识，目的是通过本课程的学习，使学生掌握表面贴装技术，提高学生综合素质，为学生后续的工学结合、顶岗实习打下良好的基础。

表面贴装技术是电子元器件的一种新型组装技术。本书内容新颖丰富、翔实全面、覆盖面广，行文通俗易懂，兼备知识性、系统性、可读性、实用性和指导性，技术理论与应用实践相结合的主导思想始终贯穿于全书。本课程参考教学学时数为102学时，学时分配如下：

序号	授课内容	学时分配	
		讲课	实践
项目一	带你认识SMT	10	
项目二	SMT基本概念与理论知识	18	
项目三	SMT产品的手工组装	28	
项目四	SMT产品的产线组装	28	
项目五	SMT产品可靠性检测	18	

本书可供职业学校电子技术应用、电子工艺等相关专业教学使用，也可作为SMT培训组织等职业教育机构培训使用，同时也可作为爱好SMT技术的初学者自学用书。

本书由万忠担任主审；王彦云、李海涛担任主编，其中项目一和项目二由李海涛编写，项目三、项目四和项目五由王彦云编写。全书王彦云统稿。

由于编者学识和水平有限，再加上时间仓促，书中不足之处在所难免，希望广大读者批评指正。

为了满足读者需求，提高教学服务水平，本书配套了相关电子教学资源可登录语文出版社官网：http://www.ywcbs.com下载。

编　者
2014年10月

目录

基础篇
JI CHU PIAN

项目一

带你认识SMT

学习指南

　　本项目总学时 10 课时，内容主要包括：SMT 定义、特点、作用、发展现状及趋势，SMT 的基本工艺构成要素、组成及相关技术、基本术语等。其中，SMT 定义、特点、作用以及 SMT 的基本工艺构成要素是学习的重点，SMT 的相关技术是学习的难点。通过本模块的学习，使学生对 SMT 技术有一个初步的了解。

思维导图

```
                    SMT
    ┌────────┬────────┬────────┬────────┐
 SMT定义、特点  SMT基本   SMT相关   SMT技术    SMT基本
 作用、发   工艺要素   技术      组成      术语
 展现状及趋势
              ┌────────┬────────┬────────┐
            元器件   窄间距技术  无铅焊接技术  SMT主要
                    （FPT）              设备发展
```

1.1　SMT 概述

学习目标

- 了解 SMT 的概念、特点、作用。
- 了解 SMT 的现状及发展趋势。
- 了解 SMT 的工艺流程。

案例导入

通过图 1-1 的展示，同学们讨论下面的问题。

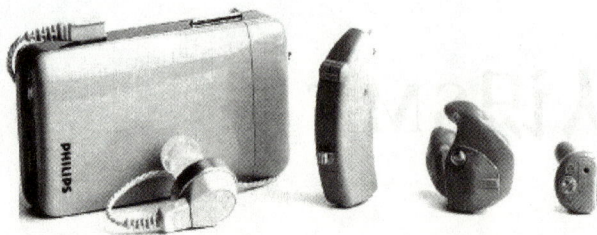

图 1-1　电子产品

（1）电子产品从外观、性能、价格等各方面发生了什么变化？

（2）这些变化代表了现在电子产品的发展趋势是高集成、微型化。电子产品如何实现高集成、微型化？

案例分析

目前，电子产品呈现了小型化、多功能化的趋势，尤其是以手机、MP3 为代表的消费类电子产品的市场呈现爆发式的增长，进一步带动了表面贴装元器件的小型化和产品组装的高密度化。0201 元件、CSP、flipchip 等微小、细间距器件也进入了表面贴装技术的实际应用中，极大地提高了 SMT 技术的应用水平，同时也提升了工艺难度。可见，表面贴装技术（Surface Mount Technology，SMT）并不是自然发明的，而是为了微型化的需求才发展的。

表面贴装技术是新一代电子组装技术，它将传统的电子元器件压缩成体积只有原体积几十分之一的器件，从而实现了电子产品组装的高密度、高可靠、小型化、低成本，以及生产的自动化。这种小型化的元器件称为 SMY 器件（或称 SMC、片式器件）。将元件装配到印制电路板（或其他基板）上的工艺方法称为 SMT 工艺。相关的组装设备则称为 SMT 设备。目前，先进的电子产品，特别是计算机及通信类电子产品，已普遍采用 SMT 技术。国际上表面贴装器件（Surface Mounted Devices，SMD）器件产量逐年上升，而传统器件产量逐年下降，因此，随着时间的推移，SMT 技术将越来越普及。

随着我国电子工艺水平的不断提高，我国已成为世界电子产业的加工厂。SMT 是电子先进制造技术的重要组成部分。SMT 的迅速发展和普及，对于推动当代信息产业的发展起到了独特的作用。目前，SMT 已广泛应用于各行各业的电子产品组件和器件的组装中。与 SMT 的这种发展现状和趋势相应，与信息产业和电子产品的飞速发展带来的对 SMT 的技术需求相应，我国电子制造业急需大量掌握 SMT 知识的专业技术人才。

必备知识

1.1.1 SMT诞生的历史背景

电子电路表面组装技术（Surface Mount Technology，SMT），称为表面贴装或表面安装技术。它是一种将无引脚或短引线表面组装元器件安装在印制电路板（Printed Circuit Board，PCB）的表面或其他基板的表面上，然后使用焊锡连接电子零件的引脚与印制电路板的焊盘进行金属化而成为一体，是目前电子组装行业里最流行的一种技术和工艺。

而与之相对应的则是通孔插装技术（Through Hole Technology，THT），它是将电子零件引脚插入印制电路板的通孔，然后将焊锡填充其中进行金属化而成为一体。由于印制电路板有两面，显然，表面贴装可在板子两面同时进行焊接，而通孔插接则不能（图1-2）。

（a）表面贴装技术　　　　（b）通孔插装技术

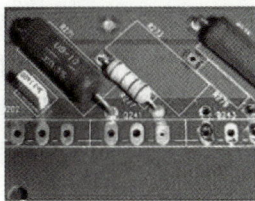

图1-2　表面贴装技术与通孔插装技术

SMT是20世纪60年代中期开发，20世纪70年代获得实际应用的一种新型电子装联技术，它彻底改变了传统的通孔插装技术，使电子产品的微型化、轻量化成为可能，被誉为电子组装技术的一次革命，是继手工装联、半自动插装、自动插装后的第四代电子装联技术。SMT以缩小产品体积、重量，提高产品可靠性及电气性能，降低生产成本为目的，自20世纪80年代以来得到了飞速发展。当前，SMT已在计算机、通信、军事、工业自动化、消费类电子等领域的新一代电子产品中得到广泛应用，成为电子工业的支柱技术。

1.1.2 SMT的特点

从SMT的定义可知，SMT是从传统的通孔插装技术（THT）发展起来的，但又区别于传统的THT。那么，SMT与THT比较，它有什么优点呢？下面列出其最为突出的优点。

（1）组装密度高、电子产品体积小、重量轻。贴片元件的体积和重量只有传统插装元件的1/10左右。一般采用SMT之后，电子产品体积缩小40%～60%，重量减轻60%～80%。

（2）可靠性高、抗震能力强。由于SMC、SMD无引线或短引线，又牢固地贴焊在PCB表面上，可靠性高，抗震能力强。SMT的焊点缺陷率比THT至少低一个数量级。

（3）高频特性好。由于SMC、SMD减少了引线分布的影响，而且在PCB表面贴焊牢固，大大降低了寄生电容和引线间寄生电感，在很大程度上减少了电磁干扰和射频干扰，改善了高频特性。

（4）易于实现自动化，提高生产效率。如图1-3所示为SMT生产设备。SMT与THT相比更适合自动化生产。例如，THT根据不同的元器件，需要不同的插装机（DIP插装机、辐射插装机、轴向插装机、编带机等），每一台机器都需要调整准备时间，维护工作量大。SMT用一台贴片机，配以不同的料台和贴片头，就可以安装所有类型的SMC、SMD，因此，减少了调整准备时间和维修工作量，同时，贴片机配置视觉系统，使得自动化程度和生产率更高。

（5）可以降低成本。SMT使PCB布线密度增加、钻孔数目减少、孔径变细、PCB面积缩小、同功能的PCB层数减少，这些都使制造PCB的成本降低；无引线或短引线的SMC、SMD节省了引线材料；剪线、打弯工序的省略，减少了设备、人力费用；频率特性的提高，减少了射频调试费用；电子产品的体积缩小、重量减轻，降低了整机成本；贴焊可靠性提高，减少了二次焊接；可靠性好，使返修成本降低。一般情况下，电子设备采用SMT后可使产品总成本降低30% ~50%。

图1-3　SMT生产设备

1.1.3　SMT的发展趋势

在电子应用技术智能化，多媒体化，网络化的发展趋势下，SMT技术应运而生。随着中国电子制造业的高速发展，中国的SMT技术及产业也同步迅猛发展，由于电子电路组装密集化、小型化。由于以下原因促使SMT技术得以发展。

（1）电子产品追求小型化，以前使用的通孔插件元件已无法缩小。

（2）电子产品功能更完整，所采用的集成电路（IC）已无通孔元件，特别是大规模、高集成IC，不得不采用表面贴片元件。

（3）产品批量化，生产自动化，厂方要以低成本高产量，出产优质产品，以迎合顾客需求及加强市场竞争力。

（4）电子元件的发展，集成电路（IC）的开发，半导体材料的多元应用。

（5）电子科技革命势在必行，追逐国际潮流。

1.1.4　SMT的发展概况

SMT在投资类电子产品、军事装备领域、计算机、通信设备、彩电调谐器、录像机、摄像机及袖珍式高档多波段收音机、随身听、传呼机和手机等几乎所有的电子产品生产中都得到广泛应用。SMT 是电子装联技术的发展方向，已成为世界电子整机组装技术的主流。

美国是 SMT 和 SMD 的发明地，并一直重视在投资类电子产品和军事装备领域发挥 SMT 高组装密度和高可靠性能方面的优势，具有很高的水平。自 1963 年世界上出现第一只表面贴装元器件和飞利浦公司推出第一块表面贴装集成电路以来，SMT 已由初期主要应用在军事、航空、航天等尖端产品和投资类产品，逐渐广泛应用到计算机、通信、军事、工业自动化、消费类电子产品等各行各业。SMT 发展非常迅猛。进入 20 世纪 80 年代，SMT 技术已成为国际上最热门的新一代电子组装技术，被誉为电子组装技术的一次革命。

日本在 20 世纪 70 年代从美国引进 SMD 和 SMT，应用在消费类电子产品领域，并投入巨资大力加强基础材料、基础技术和推广应用方面的开发研究工作，从 20 世纪 80 年代中后期起加速了 SMT 在产业电子设备领域中的全面推广应用，仅用 4 年时间使 SMT 在计算机和通信设备中的应用数量增长了近 30%，在传真机中增长 40%，使日本很快超过了美国，在 SMT 方面处于世界领先地位。

欧洲各国 SMT 的起步较晚，但他们重视发展并有较好的工业基础，发展速度也很快，其发展水平和整机中 SMC/SMD 的使用规模仅次于日本和美国。20 世纪 80 年代以来，新加坡、韩国、中国香港和中国台湾"亚洲四小龙"不惜投入巨资，纷纷引进先进技术，使 SMT 获得较快的发展。

我国 SMT 的应用起步于 20 世纪 80 年代初期，最初从美、日等国成套引进了 SMT 生产线用于彩电生产，随后应用于录像机、摄像机及袖珍式高档多波段收音机、随身听等设备的生产中，近几年在计算机、通信设备、航空航天电子产品中也逐渐得到应用。

SMT 总的发展趋势是：元器件越来越小，组装密度越来越高，组装难度越来越大。最近几年 SMT 又进入一个新的发展高潮。为了进一步适应电子设备向短、小、轻、薄方向发展，出现了 0210（0.6 mm×0.3 mm）的 CHIP 元件、BGA、CSP、FLIP、CHIP、复合化片式元件等新型封装元器件。由于 BGA 等元器件技术的发展，非 ODS 清洗和无铅焊料的出现，引起了 SMT 设备、焊接材料、贴装和焊接工艺的变化，推动了电子组装技术向更高阶段发展。SMT 发展速度之快，的确令人惊讶，可以说，每年、每月、每天都有变化。

1.1.5　SMT 基本工艺构成要素

SMT 的基本工艺流程：印刷（或点胶）→贴装→（固化）→回流焊接→清洗→检测→返修。

（1）印刷。其作用是将焊膏或贴片胶漏印到 PCB 的焊盘上，为元器件的焊接作准备。所用设备为印刷机（锡膏印刷机），位于 SMT 生产线的最前端，如图 1-4 所示。

图 1-4　SMT 加工车间

（2）点胶。因现在所用的电路板大多是双面贴片，为防止二次回炉时投入面的元件因锡膏再次熔化而脱落，故在投入面加装点胶机，它是将胶水滴到 PCB 的固定位置上，其主要作用是将元器件固定到 PCB 上。所用设备为点胶机，位于 SMT 生产线的最前端或检测设备的后面。有时由于客户要求产出面也需要点胶，而现在很多小工厂都不用点胶机，若投入面元件较大时用人工点胶。

（3）贴装。其作用是将表面组装元器件准确地安装到 PCB 的固定位置上。所用设备为贴片机，位于 SMT 生产线中印刷机的后面。

（4）固化。其作用是将贴片胶熔化，从而使表面组装元器件与 PCB 牢固黏接在一起。所用设备为固化炉，位于 SMT 生产线中贴片机的后面。

（5）回流焊接。其作用是将焊膏熔化，使表面组装元器件与 PCB 牢固黏接在一起。所用设备为回流焊炉，位于 SMT 生产线中贴片机的后面。

（6）清洗。其作用是将组装好的 PCB 上对人体有害的焊接残留物（如助焊剂等）除去。所用设备为清洗机，位置可以不固定，可以在线，也可不在线。

（7）检测。其作用是对组装好的 PCB 进行焊接质量和装配质量的检测。所用设备有放大镜、显微镜、在线测试仪（ICT）、飞针测试仪、自动光学检测（AOI）、X-RAY 检测系统、功能测试仪等。位置根据检测的需要，可以配置在生产线合适的地方。

（8）返修。其作用是对检测出现故障的 PCB 进行返工。所用工具为烙铁、返修工作站等。配置在生产线中任意位置。

SMT 的工艺流程可简化为：印刷→贴片→焊接→检修。

1.1.6　SMT 有关的技术组成

SMT 是从 20 世纪 70 年代发展起来，到 20 世纪 90 年代广泛应用于电子装联技术。由于其涉及多学科领域，使其在发展初期较为缓慢。随着各学科领域的协调发展，SMT 在 20 世纪 90 年代得到迅速发展和普及，SMT 在未来将成为电子装联技术的主流。下面是 SMT 相关学科技术。

（1）电子元件、集成电路的设计制造技术。

（2）电子产品的电路设计技术。

（3）电路板的制造技术。

（4）自动贴装设备的设计制造技术。

（5）电路装配制造工艺技术。

（6）装配制造中使用的辅助材料的开发生产技术。

总 结 提 升

1. SMT 是将电子零件放置于印制电路板表面，然后使用焊锡连接电子零件的引脚与印制电路板的焊盘进行金属化而成为一体。

2. SMT 的主要特点是组装密度高、电子产品体积小、重量轻；可靠性高、抗震能力强；焊点缺陷率低；高频特性好；易于实现自动化，提高生产效率。

3. 总的来说，SMT 包括表面贴装技术、表面贴装设备、表面贴装元器件及 SMT 管理。

4. SMT 基本工艺构成要素：印刷（或点胶）→贴装→（固化）→回流焊接→清洗→检测→返修。

巩固练习

1. SMT 的英文全称是_____，中文意思为_____。

2. SMT 产品须经过：a. 元器件放置 b. 焊接 c. 清洗 d. 印锡膏，其先后顺序为（   ）。

A. a→b→d→c 　　　　　　B. b→a→c→d

C. d→a→b→c 　　　　　　D. a→d→b→c

3. 与传统的通孔插装产品相比较，SMT 产品具有（   ）的特点。

A. 轻 　　　B. 长 　　　C. 薄 　　　D. 短 　　　E. 小

4. 简述表面贴装技术与插装技术的区别。

5. 在电子产品组装作业中，SMT 具有哪些特点？

1.2 SMT 相关知识

1.2.1 SMT 相关元器件的发展

（1）SMC（片式元件）向小型、薄型发展。其尺寸从 1206（3.2 mm×1.6 mm）向 0805（2.0 mm×1.25 mm）—0603（1.6 mm×0.8 mm）—0402（1.0 mm×0.5 mm）—0201（0.6 mm×0.3 mm）发展。

（2）SMD（片式器件）向小型、薄型和窄引脚间距发展。引脚中心距从 1.27 mm 向 0.635 mm—0.5 mm—0.4 mm—0.3 mm 发展。

（3）出现了新的封装形式 BGA（Ball Grid Arrag，球栅阵列）、CSP（UBGA）和 FILP CHIP（倒装芯片）。

由于 QFP（四边扁平封装器件）受 SMT 工艺的限制，0.3 mm 的引脚间距已经是极限值。而 BGA 的引脚是球形的，均匀地分布在芯片的底部。BGA 和 QFP 相比，最突出的优点首先是 I/O 数的封装面积比较高，节省了 PCB 面积，提高了组装密度；其次是引脚间距较大，有 1.5 mm，1.27 mm 和 1.00 mm，组装难度下降，加工窗口更大。例如，31 mm×31 mmR BGA 引脚间距为 1.5 mm 时，有 400 个焊球（I/O）；引脚间距为

1.0 mm 时，有 900 个焊球（I/O）。同样是 31 mm×31 mm 的 QFP-208，引脚间距为 0.5 mm 时，只有 208 条引脚。

BGA 无论在性能和价格上都有竞争力，已经在高 I/O 数的器件封装中起主导作用。

1.2.2　窄间距技术（FPT）是 SMT 发展的必然趋势

FPT 是指将引脚间距在 0.635~0.3 mm 之间的 SMD 和长×宽小于等于 1.6 mm×0.8 mm 的 SMC 组装在 PCB 上的技术。

由于计算机、通信、航空航天等电子技术飞速发展，促使半导体集成电路的集成度越来越高，SMC 越来越小，SMD 的引脚间距也越来越窄。目前，0.635 mm 和 0.5 mm 引脚间距的 QFP 已成为工业和军用电子装备中的通信器件。

1.2.3　无铅焊接技术

为了防止铅对环境和人体的危害，无铅焊接也迅速地被提到议事日程上，日本已研制出无铅焊接技术并应用到实际生产中，美国和欧洲也在加紧研究。由于目前无铅焊接的焊接温度较高，因此焊接设备、PCB 材料及焊盘表面镀锡的工艺、元器件耐高温性能及端头电极工艺、回流焊与波峰焊接工艺等一系列新技术有待研究和解决。

1.2.4　SMT 主要设备发展情况

SMT 主要设备的发展情况介绍如下。

1. 印刷机

由于新型 SMD 不断出现、组装密度提高及免清洗要求，印刷机向高密度、高精度及多功能方向发展。目前印刷机大致分为三个档次。

（1）半自动印刷机。

（2）半自动印刷机加视觉识别系统。增加了 CCD 图像识别，提高了印刷精度。

（3）全自动印刷机。全自动印刷机除了有自动识别系统外，还有自动更换漏印模板、清洗网板、对 QFP 器件进行 45°印刷、二维和三维检查印刷结果（焊膏图形）等功能。

目前又有 PLOWER FLOWER 软料包（DEK 挤压式、MINAMI 单向气功式等）的成功开发与应用。这种方法焊膏是密封式的，适合免清洗、无铅焊接以及高密度、高速度印刷的要求。

2. 贴片机

随着 SMC 小型化、SMD 多引脚窄间距化和复合式、组合式片式元器件，BGA，CSP，DCA（芯片直接贴装技术），以及表面组装的接插件等新型片式元器件的不断出现，对贴装技术的要求越来越高。近年来，各类自动化贴装机正朝着高速、高精度和多功能的方向发展。采用多贴装头、多吸嘴以及高分辨率视觉系统等先进技术，使贴装速度和贴装精度大大提高。

目前最高的贴装速度可达到 0.06 s/chip 元件左右；高精度贴装机的重复贴装精度为 0.05～0.25 mm；多功能贴片机除了能贴装 0201（0.6 mm×0.3 mm）元件外，还具有能贴装 SOIC（小外型集成电路）、PLCC（塑料有引线芯片载体）、窄引线间距 QFP、BGA 和 CSP 以及长接插件（150 mm 长）等 SMD/SMC 的能力。

此外，现代的贴片机在传动结构（Y 轴方向由单丝杠向双丝杠发展），元件的对中方式（由机械向激光向全视觉发展），图像识别（采用高分辨 CCD），BGA 和 CSP 的贴装（采用反射加直射镜技术），采用铸铁机架以减少振动、提高精度、减少磨损，以及增强计算机功能等方面都采用了许多新技术，使操作更加简便、迅速、直观和易掌握。

3. 回流焊炉

回流焊炉主要有热板式、红外、热风、红外＋热风和气相焊等形式。

回流焊热传导方式主要有辐射和对流两种方式。

辐射传导——主要有红外炉。其优点是热效率高，温度陡度大，易控制温度曲线，双面焊接时 PCB 上、下温度易控制。其缺点是温度不均匀；在同一块 PCB 上由于器件的颜色和大小不同，其温度就不同。为了使深颜色和大体积的元器件达到焊接温度，必须提高焊接温度，这容易造成焊接不良和损坏元器件等缺陷。

对流传导——主要有热风炉。其优点是温度均匀、焊接质量好。缺点是 PCB 上、下温差以及沿焊接长度方向的温度梯度不易控制。

（1）目前回流焊倾向于采用热风小对流方式，在炉子下面采用制冷手段，以保护炉子上、下和长度方向的温度梯度，从而达到工艺曲线的要求。

（2）选择是否需要充 N_2（基于免清洗要求提出的）。

N_2 的主要作用是防止高温下二次氧化，达到提高可焊性的目的。对于什么样的产品需要充 N_2，目前还有争议。总的看起来，无铅焊接，以及高密度，特别是引脚中心距为 0.5 mm 以下的焊接过程有必要用 N_2，否则没有太大必要。另外，如果 N_2 纯度低（如普通 20PPM）效果不明显，因此要求 N_2 纯度为 100PPM。

蒸汽焊炉有再次兴起的趋势，特别是对电性能要求极高的军品。

1.2.5　常用基本术语

- SMT——表面贴装技术（无须对印制板钻插装孔，直接将表面组装元器贴、焊到印制板表面规定位置上的装联技术）。
- SMC/SMD——表面组装元件。
- PCB——印制电路板。
- SMA——表面组装组件。
- SMC/SMD——无源元件/有源元件（采用表面组装技术完成装联的印制板组装件）。

● FPT——窄间距技术。FPT 是指将引脚间距在 0.635 ~ 0.3 mm 之间的 SMD 和长 × 宽小于等于 1.6 mm ×0.8 mm 的 SMC 组装在 PCB 上的技术。

● MELF——圆柱形元器件。

● SOP——羽翼形小外形塑料封装。

● SOJ——J 形小外形塑料封装。

● TSOP——薄形小外形塑料封装。

● PLCC——塑料有引线（J 形）芯片载体。

● QFP——四边扁平封装器件。

● PQFP——带角耳的四边扁平封装器件。

● BGA——球栅阵列（Ball Grid Array）。

● DCA——芯片直接贴装技术。

● CSP——芯片级封装（引脚也在器件底下，外形与 BGA 相同，封装尺寸比 BGA 小。芯片封装尺寸与芯片面积比小于等于 1.2 称为 CSP）。

● THC——通孔插装元器件。

● FLIP CHIP——倒装芯片封装。

项目二

SMT基本概念与理论知识

前面项目我们学习了什么是 SMT、SMT 的特点、发展史及基本工艺元素、组成等，使我们对 SMT 有了初步的认识，下面我们来进一步学习 SMT 技术的其他相关理论知识。

学习指南

本项目总学时 18 课时，内容主要包括：SMT 工艺的分类，回流焊工艺和波峰焊工艺，SMT 组装工艺流程，SMT 生产线等。其中，SMT 的回流焊工艺和波峰焊工艺，SMT 生产线主要设备如锡膏印刷机、贴片机、回流焊炉，以及 SMT 的三大关键工序是学习的重点；SMT 的组装工艺流程、SMT 生产线设备的技术参数是学习的难点。

思维导图

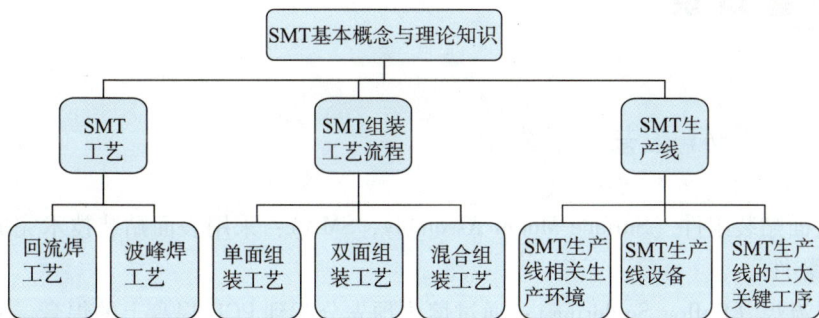

学习目标

- 了解表面贴装技术的工艺。
- 理解并掌握回流焊工艺和波峰焊工艺流程。
- 会区分波峰焊工艺和回流焊工艺。

- 能理解双面均采用锡膏回流焊工艺流程。
- 能够判断两工艺的混合安装工艺。

📖 案例导入

SMT 是利用锡膏印刷机、贴片机、回流焊等专业自动组装设备将表面组装元件（类型包括电阻、电容、电感等）直接贴、焊到电路板表面的一种电子接装技术，是目前电子组装行业里最流行的一种技术和工艺。我们使用的计算机、手机、打印机、MP4、数码影像、功能强的高科技控制系统等都是采用 SMT 设备生产出来的，它是现代电子制造的核心技术。生活中电子产品越来越多，不久的将来，我们的生活将完全电子化，电子产业将完全改变我们的生活。

📖 案例分析

我们知道了 SMT 的优点，就要利用这些优点来为我们服务。而且随着电子产品的微型化，使得 THT 无法适应产品的工艺要求，因此，SMT 是电子焊接技术的发展趋势。

对 SMT 有了初步认识后，我们将进一步学习该项技术。下面首先是对 SMT 工艺的学习。

2.1 SMT 工艺的分类

📥 必备知识

2.1.1 SMT 工艺名词术语

- 表面贴装组件（Surface Mount Assembly，SMA）：采用表面贴装技术完成贴装的印制板组装件。
- 回流焊（Reflow Soldering）：通过熔化预先分配到 PCB 焊盘上的焊膏，实现表面贴装元器件与 PCB 焊盘的连接。
- 波峰焊（Wave Soldering）：将熔化的焊料经专用设备喷流成设计要求的焊料波峰，使预先装有电子元器件的 PCB 通过焊料波峰，实现元器与 PCB 焊盘之间的连接。
- 细间距（Fine Pitch）：小于 0.5 mm 引脚间距。
- 引脚共面性（Lead Coplanarity）：指表面贴装元器件引脚垂直高度偏差，即引脚的最高引脚底与最低引脚底形成的平面之间的垂直距离。其数值一般不大于 0.1 mm。

- 焊膏（Solder Paste）：由粉末状焊料合金、助焊剂和一些起黏性作用及其他作用的添加剂混合成具有一定黏度和良好触变性的焊料膏。
- 固化（Curing）：在一定的温度、时间条件下，加热贴装了元器件的贴片胶，以使元器件与PCB暂时固定在一起的工艺过程。
- 贴片胶或称红胶（Adhesives）：固化前具有一定的初黏度，有外形，固化后具有足够的黏接强度的胶体。
- 点胶（Dispensing）：表面贴装时，往PCB上施加贴片胶的工艺过程。
- 点胶机（Dispenser）：能完成点胶操作的设备。
- 贴装（Pick and Place）：将表面贴装元器件从供料器中拾取并贴放到PCB规定位置上的操作。
- 贴片机（Placement Equipment）：完成表面贴装元器件贴片功能的专用工艺设备。
- 高速贴片机（High Placement Equipment）：实际贴装速度大于2万点/小时的贴片机。
- 多功能贴片机（Multi – function Placement Equipment）：用于贴装体形较大、引线间距较小的表面贴装器件，要求较高贴装精度的贴片机。
- 热风回流焊（Hot Air Reflow Soldering）：以强制循环流动的热气流进行加热的回流焊。
- 贴片检验（Placement Inspection）：贴片完成后，对于是否有漏贴、错位、贴错、元器件损坏等情况进行的质量检验。
- 钢网印刷（Metal Stencil Printing）：使用不锈钢网板将焊锡膏印到PCB焊盘上的印刷工艺过程。
- 印刷机（Printer）：在SMT中，用于钢网印刷的专用设备。
- 炉后检验（Inspection After Soldering）：对贴片完成后经回流炉焊接或固化的PCBA进行的质量检验。
- 炉前检验（Inspection Before Soldering）：贴片完成后在回流炉焊接或固化前进行的贴片质量检验。
- 返修（Reworking）：为去除PCBA的局部缺陷而进行的修复过程。
- 返修工作台（Rework Station）：能对有质量缺陷的PCBA进行返修的专用设备。

2.1.2　SMT工艺分类

SMT工艺有两类最基本的工艺流程式，一类是锡膏回流焊工艺，另一类是贴片波峰焊工艺。

在实际生产中，应根据所用元器件和生产装备的类型及产品的需求，选择单独进行或者重复、混合使用，以满足不同产品生产的需要。

（1）锡膏－回流焊工艺流程，如图2－1所示。先将微量的锡铅（SN/PB）焊膏施加到印制板的焊盘上，再将片式元器件贴放在印制电路板表面规定的位置上，最后将贴装好元器件的印制板放在回流焊设备的传送带上，从炉子入口到出口（5～6分钟）

完成干燥、预热、熔化、冷却全部焊接过程。该工艺流程的特点是简单、快捷、有利于产品体积的减小。

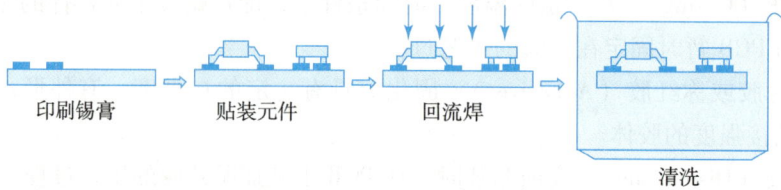

图 2-1　锡膏－回流焊工艺流程

（2）贴片波峰焊工艺流程，如图 2-2 所示。先将微量的贴片胶（绝缘粘接胶）施加到印制板的元器件底部位置上，再将片式元器件贴放在印制板表面规定的位置上，并进行胶固化。片式元器件被牢固地粘接在印制板的焊接面，然后插装分立元器件，最后对片式元器件与插装元器件同时进行波峰焊接。该工艺流程的特点是利用双面板空间，电子产品的体积可以进一步减小，且仍使用通孔元件，价格低廉；但设备要求增多，波峰焊过程中缺陷较多，难以实现高密度组装。

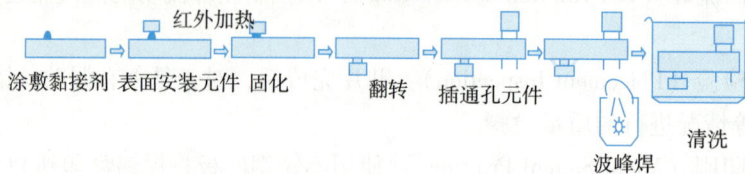

图 2-2　贴片－波峰焊工艺流程

若将上述两种工艺流程式混合与重复，则可以演变成多种工艺流程供电子产品组装之用，如混合安装。

（3）混合安装工艺流程，如图 2-3 所示。该工艺流程的特点是充分利用 PCB 双面空间，是实现安装面积最小化的方法之一，并仍保留通孔元件价格低廉的优点，多用于消费类电子产品的组装。

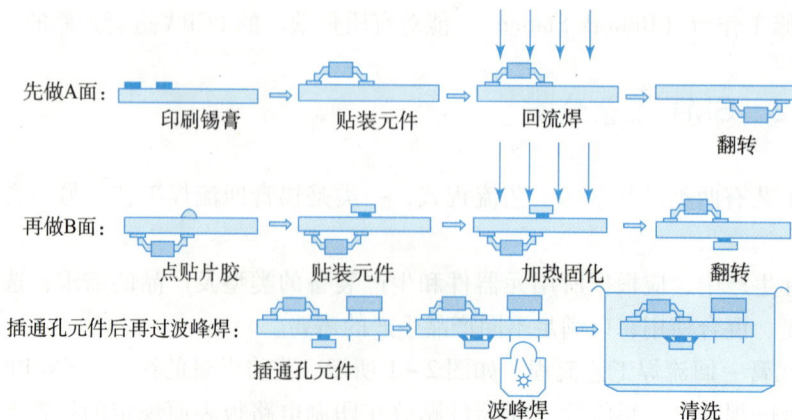

图 2-3　混合安装工艺流程

（4）双面均采用锡膏回流焊工艺，如图2-4所示。该工艺流程的特点是采用双面锡膏回流焊工艺，能充分利用PCB空间，并实现安装面积最小化，工艺控制复杂，要求严格，常用于密集型或超小型电子产品，移动电话是典型产品之一。

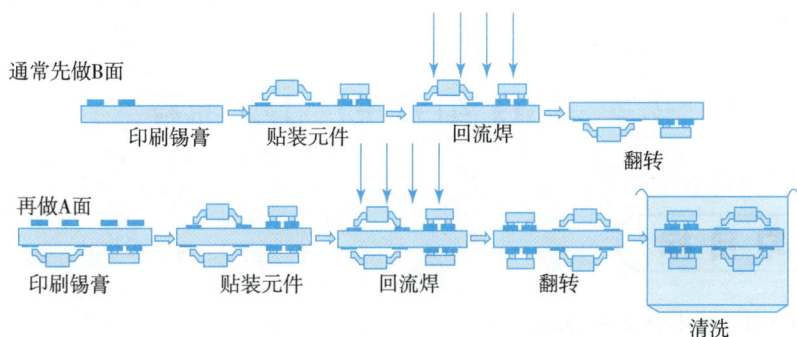

通常先做B面　　印刷锡膏　　贴装元件　　回流焊　　翻转

再做A面　　印刷锡膏　　贴装元件　　回流焊　　翻转　　清洗

图2-4　双面回流焊接工艺流程

总结提升

1. SMT工艺有两类最基本的工艺流程式，一类是锡膏回流焊工艺，另一类是贴片波峰焊工艺。

若将上述两种工艺流程式混合与重复，则可以演变成多种工艺流程供电子产品组装之用，如混合安装、双面均采用锡膏回流焊工艺。

2. 回流焊工艺是通过重新熔化预先分配到印制板焊盘上的膏状软钎焊料，实现表面组装元器件焊端或引脚与印制板焊盘之间机械与电气连接的软钎焊。

波峰焊是指将熔化的软钎焊料（铅锡合金），经电动泵或电磁泵喷流成设计要求的焊料波峰，也可通过向焊料池注入氮气来形成，使预先装有元器件的印制板通过焊料波峰，实现元器件焊端或引脚与印制板焊盘之间机械与电气连接的软钎焊。

3. 回流焊和波峰焊的区别如下。

波峰焊是熔融的焊锡形成波峰对元件焊接；回流焊是高温热风形成回流对元件焊接。

回流焊是在炉前已经有焊料，在炉子里只是把锡膏熔化而形成焊点；波峰焊是在炉前没有焊料，在炉子里通过焊料焊接。

回流焊焊贴片元件；波峰焊焊插脚元件。

目前来讲很多板是二者兼用的，一般都是先贴片（无脚，表面贴装），过完回流焊再插件（有脚），然后再过波峰机。

巩固练习

1. SMT工艺主要有哪两类？

2. 简述波峰焊和回流焊的区别。

3. 写出以下名词的中文解释：

SMT；ESD；PCB；OSP；Solder Paste；Printer；Reworking；AOI；Reflow Soldering；Mark。

2.2 SMT 组装生产工艺流程

学 习 目 标

- 了解 SMT 的生产工艺流程。
- 理解并掌握 SMT 的组装生产工艺流程。
- 能绘制 SMT 的组装生产工艺流程图。

案 例 导 入

图 2-5 和图 2-6 所示是两种不同的 PCB 设计的产品，观察它们的组装方式有什么不同，讨论产品在组装时采用哪种合适的组装方式。

图 2-5 单面 PCB 板产品

图 2-6 双面 PCB 板产品

案 例 分 析

合理的组装工艺流程是组装质量和组装效率的保障，确定组装方式以后，可针对实际产品和具体设备确定工艺流程。

必 备 知 识

在给定设备和给定组件类型（产品）的前提下，表面组装方式与 PCB 类型和组装元器件类型密切相关。按印制板焊接面数和元器件安装方式不同，SMT 组装方式可分为单面混合组装、双面混合组装和全表面组装三种。

2.2.1　单面混合组装

SMC/SMD 与通孔插装元件（THC）分布在 PCB 不同的面上混装，但其焊接面仅为单面，如图 2-7 所示。

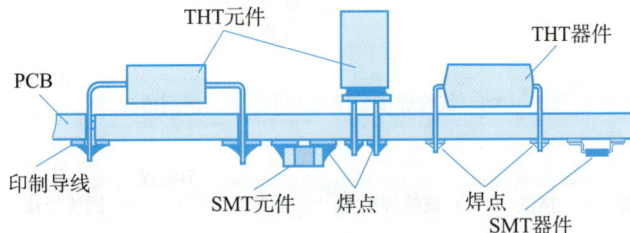

图 2-7　单面混合组装

单面混装有两种组装方式。

（1）先贴法。在 PCB 的 B 面（焊接面）先贴装 SMC/SMD，而后在 A 面插装，其工艺特征是先贴后插，如图 2-8 所示。

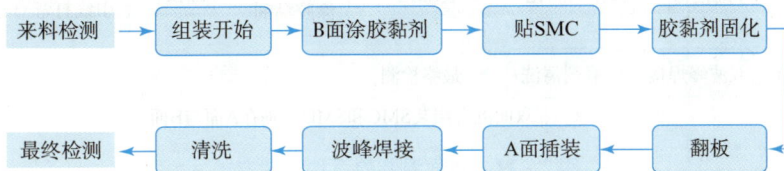

图 2-8　先贴法

（2）后贴法。先在 PCB 的 A 面插装，而后在 B 面（焊接面）贴装 SMC/SMD，其工艺特征是先插后贴，如图 2-9 所示。

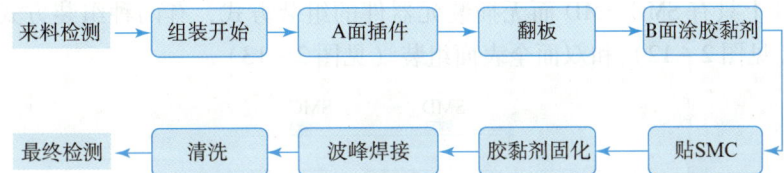

图 2-9　后贴法

2.2.2　双面混合组装

SMC/SMD 和插装元器件可混合分布在 PCB 的同一面，同时，SMC/SMD 也可分布在 PCB 的双面，如图 2-10 所示。

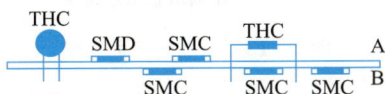

图 2-10　双面混合组装

19

双面混装有两种组装方式，如图 2 – 11 所示。

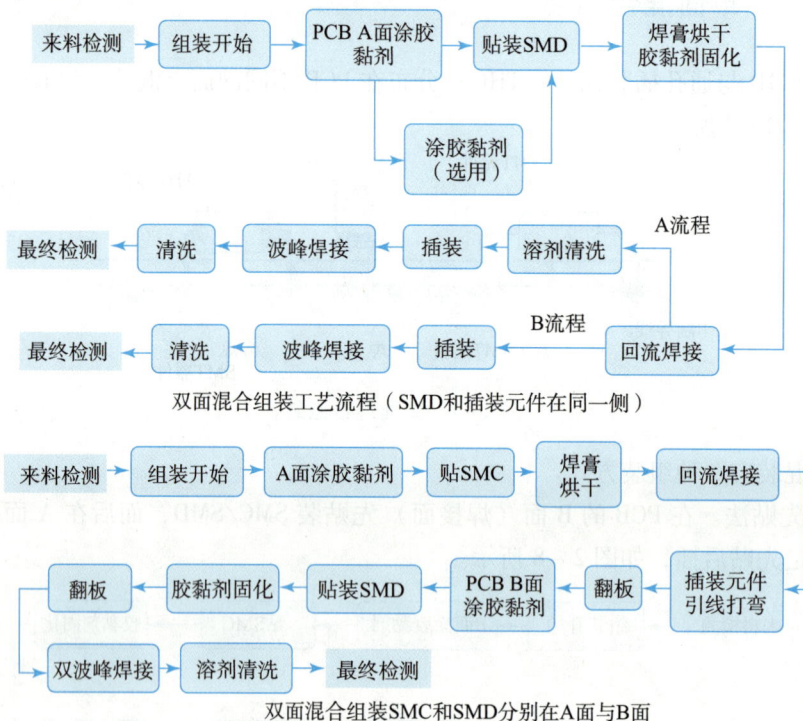

双面混合组装工艺流程（SMD和插装元件在同一侧）

双面混合组装SMC和SMD分别在A面与B面

图 2 – 11 双面混装的两种组装方式

2.2.3 全表面组装

在 PCB 上只有 SMC/SMD 而无插装元器件的组装方式，有两种组装方式：单面全表面组装（见图 2 – 12）和双面全表面组装（见图 2 – 13）。

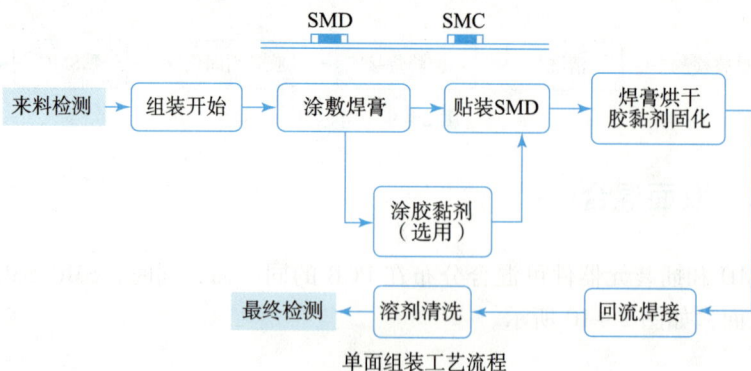

单面组装工艺流程

图 2 – 12 单面全表面组装

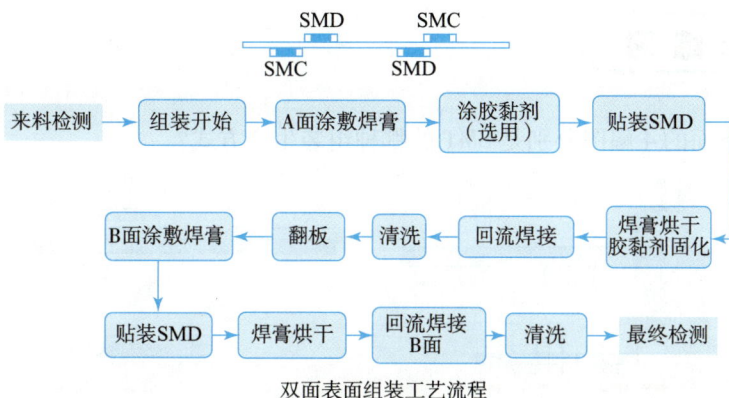

SMD　　SMC

SMC　　SMD

来料检测 → 组装开始 → A面涂敷焊膏 → 涂胶黏剂（选用）→ 贴装SMD

B面涂敷焊膏 ← 翻板 ← 清洗 ← 回流焊接 ← 焊膏烘干胶黏剂固化

贴装SMD → 焊膏烘干 → 回流焊接B面 → 清洗 → 最终检测

双面表面组装工艺流程

图 2－13　双面全表面组装

总结提升

不同组装方式对应不同的组装工艺流程，同一组装方式也可以有不同的工艺流程，这取决所用元器件类型、组装质量及密度要求、实际生产线设备条件等。表 2－1 所示为表面贴装工艺流程。

表 2－1　表面贴装工艺流程

组装方式		示意图	电路基板	元器件	特征
全表面组装	单面表面组装	A B	单面 PCB 陶瓷基板	表面组装元器件	工艺简单、适用于小型、薄型简单电路
	双面表面组装	A B	双面 PCB 陶瓷基板	表面组装元器件	高密度组装、薄型化
单面混装	SMD 和 THC 都在 A 面	A B	双面 PCB	表面组装元器件和通孔插装元器件	一般采用先贴后插，工艺简单
	THC 在 A 面 SMD 在 B 面	A B	单面 PCB	表面组装元器件和通孔插装元器件	PCB 成本低，工艺简单，先贴后插，如采用先插后贴，工艺复杂
双面混装	THC 在 A 面，A、B 两面都有 SMD	A B	双面 PCB	表面组装元器件和通孔插装元器件	适合高密度组装
	A、B 两面都有 SMD 和 THC	A B	双面 PCB	表面组装元器件和通孔插装元器件	工艺复杂，尽量不采用

巩 固 练 习

1. 判断下面的 4 幅图分别是 SMT 的哪种组装生产方式？

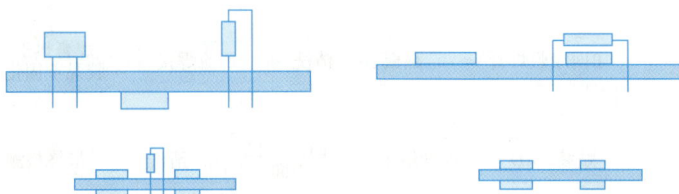

2. 写出 SMT 的工艺流程并对各流程进行简单的阐述。

2.3　SMT 生产线

学习目标

- 了解 SMT 生产线。
- 知道 SMT 生产线的设备。
- 掌握贴片机的分类、结构、技术参数。
- 了解丝网印刷机、贴片机、回流焊炉等设备。
- 掌握 SMT 生产线三大关键工序。

案例导入

我们使用的计算机、手机、打印机、MP4、数码影像、功能强的高科技控制系统等（见图 2 - 14）都是采用 SMT 设备生产出来的，SMT 是现代电子制造的核心技术。生活中电子产品越来越多，不久的将来我们的生活将完全电子化，电子产业将完全改变我们的生活。

图 2 - 14　笔记本式计算机、手机、MP4

案例分析

SMT 的广泛应用，促进了电子产品的小型化、多功能化，为大批量生产、低缺陷率生产提供了条件。

SMT 是由混合集成电路技术发展而来的新一代电子装联技术，以采用元器件表面贴装技术和回流焊接技术为特点，成为电子产品制造中新一代的组装技术，SMT 生产线如图 2－15 所示。

图 2－15 SMT 生产线

必备知识

2.3.1 SMT 生产线相关生产环境

SMT 生产设备是高精度的机电一体化设备，设备和工艺材料对环境的清洁度、湿度、温度都有一定的要求，为了保证设备正常运行和组装质量，对工作环境有以下要求：

1. 电源

（1）电源电压和功率要符合设备要求。

（2）电压要稳定，要求单相 AC220（220 ± 10%，50 Hz/60 Hz），三相 AC380 V（220 ± 10%，50 Hz/60 Hz）。如果达不到要求，需配置稳压电源，电源的功率要大于功耗的一倍以上。

（3）贴片机的电源要求独立接地，采用三相五线制的接线方法。

2. 气源

要根据设备的要求配置气源的压力。可以利用工厂的气源，也可以单独配置无油压缩空气机。一般要求压力大于 7 kg/cm^2。要求清洁、干燥的净化空气。

3. 排风管道

根据设备要求配置排风机。对于全热风炉，一般要求排风管道的最低流量值为 500 ft^3/min（14.15 m^3/min）。

4. 清洁度、温度、湿度

（1）工作间要保持清洁卫生，无尘土，无腐蚀性气体。

（2）环境温度以 23 ℃ ±3 ℃ 为最佳，一般为 17 ~ 28 ℃，极限温度为 15 ~ 35 ℃。（印刷工作间环境温度以 23 ℃ ±3 ℃ 为最佳）。

（3）相对湿度为 45% ~ 70% RH。

2.3.2 防静电要求及措施

（1）设立静电安全工作台，由工作台、防静电桌垫、腕带接头和接地线等组成。

（2）防静电桌垫上应有两个以上的腕带接头，一个供操作人员用，一个供技术人员、检验人员用。

（3）静电安全工作台上不允许放置易产生静电的杂物，塑料盒、橡皮、纸板、玻璃、图纸资料等应放入防静电袋内。

（4）佩戴防静电腕带。直接接触静电敏感器件的人员必须佩戴防静电腕带。

（5）防静电容器。生产场所的元件料袋、周转箱、PCB 上下料架等应具备静电防护作用，不允许使用金属和普通容器，所有容器都必须接地。

（6）穿戴防静电工作服。进入静电工作区的人员和接触 SMD 元器件的人员必须穿防静电工作服，特别是在相对湿度小于50%的干燥环境中（如冬季），工作服面料应符合国家有关标准。

2.3.3 SMT 生产线设备构造与基本原理

SMT 生产线主要由点胶机、焊膏印刷机、SMC/SMD 贴片机、回流焊接（或波峰焊接）设备、检测设备等组成。

1. 锡膏印刷机及其安全维护

锡膏印刷机位于 SMT 生产线的最前端，用来印刷焊膏或贴片胶，其功能是将焊膏或贴片胶正确地漏印到印制板相应的位置，如图 2−16 所示。

无论是哪一种印刷机，都由以下几部分组成。

（1）夹持基板的工作台，包括工作台面、真空或边夹持机构、工作台传输控制机构。

（2）印刷头系统，包括刮刀、刮刀固定机构、印刷头的传输控制系统等。

（3）丝网或模板以及丝网或模板的固定机构。

图 2−16　SMT 锡膏印刷机

（4）为保证印刷精度而配置的其他选件，包括视觉对中系统、擦板系统、二维和三维测量系统等。

焊膏和贴片胶都是触变流体，具有黏性。当刮刀以一定速度和角度向前移动时，对焊膏产生一定的压力，推动焊膏在刮板前滚动，产生将焊膏注入网孔或漏孔所需的压力。焊膏的黏性摩擦力使焊膏在刮板与网板交接处产生切变，切变力使焊膏的黏性

下降，有利于焊膏顺利地注入网孔或漏孔。刮刀速度、刮刀压力、刮刀与网板的角度以及焊膏的黏度之间存在一定的制约关系，因此，只有正确地控制这些参数，才能保证焊膏的印刷质量。

如图 2–17 所示为印刷机的工作原理示意图。

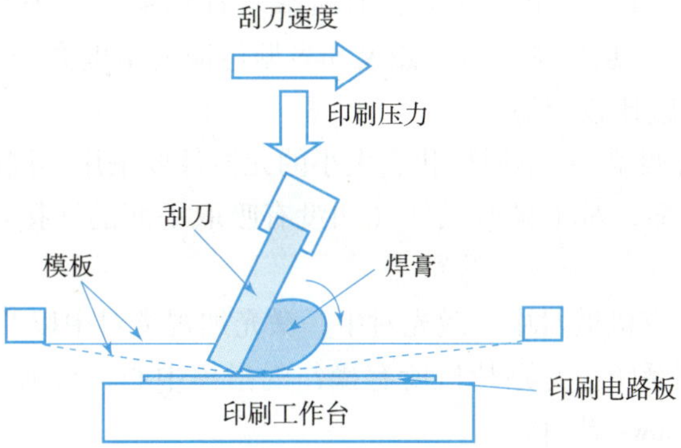

图 2–17　印刷机的工作原理示意图

印刷机的主要技术指标有以下几种。

（1）最大印刷面积：根据最大的 PCB 尺寸确定。

（2）印刷精度：根据印制板组装密度和器件的引脚间距或球距的最小尺寸确定，一般要求达到 ±0.025 mm。

（3）印刷速度：根据产量要求确定。

2. 贴片机及其安全维护

贴片机相当于机器人的机械手，把元器件按照事先编制的程序从它的包装中取出，并贴放到印制板相应的位置上，如图 2–18 所示。SMT 生产线的贴装功能和生产能力主要取决于贴片机的功能与速度。

图 2–18　贴片机

贴片机的基本结构如下：

（1）底座：用来安装和支撑贴片机的全部部件，目前趋向采用铸铁件。铸铁件具有质量大、振动小的特点，有利于保证贴装精度。

（2）供料器：用来放置各种包装形式的元器件，有散装、编带、管装和托盘 4 种类型。贴装时将各种类型的供料器分别安装到相应的供料器架上。

（3）印制电路板传输装置：目前大多数贴片机直接采用轨道传输，也有一些贴装机采用工作台传输，即把 PCB 固定在工作台上，工作台在传输轨道上运行。

（4）贴片头：贴片头是贴片机上最复杂、最关键的部件，它相当于机械手，用来拾取和贴放元器件。

（5）贴片头的 X，Y 定位传输装置：有机械丝杠传输（一般采用直流伺服电机驱动）、磁尺和光栅传输。从理论上讲，磁尺和光栅传输的精度高于丝杠传输；但是在维护修理方面，丝杠传输比较容易。

（6）贴装工具（吸嘴）：不同形状、大小的元器件要采用不同的吸嘴进行拾放，一般元器件采用真空吸嘴，对于异形元件（如没有吸取平面的连接器等）也可采用机械爪结构。

（7）对中系统：有机械对中、激光对中、激光加视觉对中以及全视觉对中系统。

（8）计算机控制系统：是贴片机所有操作的指挥中心，目前大多数贴片机的计算机控制系统采用 Windows 界面。

贴片机的工作过程如图 2-19 和图 2-20 所示。

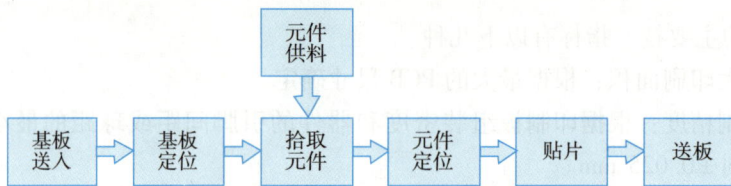

图 2-19　贴片机的工作过程

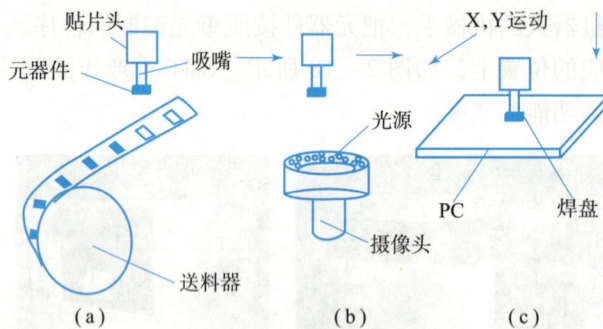

图 2-20　贴片机工作过程示意图

自动贴片机相当于自动化机械手，按事先编好的程序把元器件取出并贴放到 PCB 相应位置上。

贴片机分为以下几类。

（1）贴片机按贴装速度分：低速贴片机（贴片速度 < 4500 片/时）、中速贴片机（4500 片/时 < 贴片速度 < 9000 片/时）、高速贴片机（9000 片/时 < 贴片速度 < 40000 片/时）、超高速贴片机（贴片速度 > 40000 片/时）。

一般贴装速度越快，贴装的元器件尺寸就相应越小。

（2）贴片机按结构形式分：单臂拱架式贴片机（图 2 - 21）、转塔式贴片机（图 2 - 22）、复合式贴片机（图 2 - 23）、大型平行系统贴片机等。

图 2 - 21　单臂拱架式贴片机

图 2 - 22　转塔式贴片机

图 2 - 23　复合式贴片机

（3）贴片机按贴片形式分：顺序式贴片机、同时式贴片机、同时在线式贴片机。

（4）贴片机按自动化程度分：全自动贴片机、半自动贴片机、手动贴片机。

贴片机的主要技术指标如下。

（1）贴装精度：包括贴装精度、分辨率和重复精度。

● 贴装精度：是指元器件贴装后相对于印制板标准贴装位置的偏移量。一般来讲，贴装 chip 元件要求达到 ±0.1 mm，贴装高密度、窄间距的 SMD 至少要求达到 ±0.06 mm。

● 分辨率：是贴片机运行时最小增量（例如，丝杠的每个步进为 0.01 mm，那么该贴装机的分辨率为 0.1 mm）的一种度量，衡量机器本身精度时，分辨率是重要指标。但是，实际贴装精度包括所有误差的总和，因此，描述贴片机性能时很少使用分辨率，一般在比较贴片机性能时才使用。

● 重复精度：是指贴片头重复返回标定点的能力。贴装精度、分辨率、重复精度之间有一定的相关关系。

（2）贴片速度：一般高速机贴片速度为 0.2s/chip 元件以内，目前最高贴片速度为 0.06s/chip 元件；高精度、多功能机一般都是中速机，贴片速度为 0.3 ~ 0.6s/chip 元件。

（3）对中方式：贴片的对中方式有机械对中、激光对中、全视觉对中、激光和视觉混合对中等。其中，全视觉对中精度最高。

（4）贴装面积：由贴片机传输轨道及贴装头运动范围决定，一般最小 PCB 尺寸为 50 mm×50 mm，最大 PCB 尺寸应大于 250 mm×300 mm。

（5）贴装功能：一般高速贴片机主要可以贴装各种 chip 元件和较小的 SMD 器件（最大 25 mm×30 mm 左右）；多功能机可以贴装 1.0 mm×0.5 mm（目前最小可贴装 0.6 mm×0.3 mm）~54 mm×54 mm（目前最大可贴装 60 mm×60 mm）SMD 器件，还可以贴装连接器等异形元器件，最大连接器的长度可达 150 mm。

（6）可贴装元件种类数：可贴装元件种类数是由贴片机供料器料站位置的数量决定的（以能容纳 8 mm 编带供料器的数量来衡量）。一般高速贴片机料站位置大于 120 个，多功能机料站位置在 60 ~ 120 之间。

（7）编程功能：是指在线和离线编程以及优化功能。

3. 回流焊炉及其安全维护

回流焊炉位于 SMT 生产线中贴片机的后面，是焊接表面组装元器件的设备。其作用是提供一种加热环境，使预先分配到印制板焊盘上的焊锡膏熔化，使表面贴装元器件与 PCB 焊盘通过焊锡膏合金可靠地结合在一起的焊接设备。回流焊炉主要有红外炉、热风炉、红外炉加热风炉、蒸汽焊炉等。目前最流行的是全热风炉和红外炉加热风炉。

回流焊炉主要由炉体、上下加热源、PCB 传输装置、空气循环装置、冷却装置、排风装置、温度控制装置，以及计算机控制系统组成。

回流焊热传导方式主要有辐射和对流两种方式。

回流焊炉的主要技术指标如下：

（1）温度控制精度（指传感器灵敏度）：应达到 ±0.1 ~ 0.2 ℃。

（2）传输带横向温差：要求 ±5 ℃以下。

（3）温度曲线测试功能：如果设备无此配置，应外购温度曲线采集器。

（4）最高加热温度：一般为 300 ~ 350 ℃，如果考虑无铅焊料或金属基板，应选择 350 ℃以上。

（5）加热区数量和长度：加热区数量越多、长度越长，越容易调整和控制温度曲线。一般中小批量生产选择 4 ~ 5 温区，加热区长度 1.8 m 左右即能满足要求。

（6）传送带宽度：应根据最大和最宽 PCB 尺寸确定。

2.3.4　SMT 相关辅助设备

SMT 相关辅助设备包括印刷辅助设备（点胶、固化）、检测设备（装配与焊接质量检测）、清洗设备（在线/离线、免清洗）、返修设备（处理过程故障）。

检测设备的作用是对贴装好的PCB 进行装配质量与焊接质量的检测。所用的设备有放大镜、显微镜、自动光学检测仪（AOI）、在线测试仪（ICT）、X – RAY 检测系统、功能测试仪等，如图 2 – 24 所示。

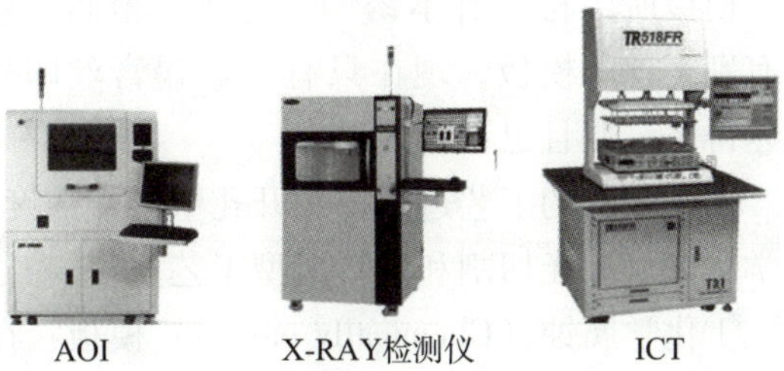

返修设备的作用是对检测出故障的 PCB 进行返工修理。所用工具为烙铁、返修工作站等。

AOI　　　　X-RAY检测仪　　　　ICT

图 2 – 24　检测设备

清洗设备的作用是将贴装好的 PCB 上影响电性能的物质或对人体有害的焊接残留物（如助焊剂等）除去，位置可以不固定。

2.3.5　SMT 生产线的三大关键工序

SMT 生产线的三大关键工序包括：印刷、贴片、回流焊。

1. 印刷（焊膏印刷）

印刷的作用是将焊膏或贴片胶漏印到 PCB 的焊盘上，为元器件的焊接作准备。所用设备为丝印机（丝网印刷机），位于 SMT 生产线的最前端。

其中焊膏印刷质量对表面贴装产品的质量影响很大，有 60% 的返修板子是因焊膏印刷不良引起的，在焊膏印刷中，有三个重要部分，焊膏（SOLDER PASTE），模板（STENCILS）和刮刀（SQUEEGEES）．如能正确选择，可以获得良好的印刷效果。

（1）焊膏。

锡膏是将焊料粉末与具有助焊功能的糊状助焊剂（松香、稀释剂、稳定剂等）混合而成的一种浆料。

以往，焊料的金属粉末主要是锡铅（Sn/Pb）合金粉末，伴随着无铅化及 ROHS 绿色生产的推进，有铅锡膏已渐渐淡出了 SMT 制程，对环境及人体无害的 ROHS 对应的无铅锡膏已经被业界所接受。

目前，ROHS 无铅焊料粉末成份，是由多种金属粉末组成，目前的几种无铅焊料配比共晶有，锡 Sn – 银 Ag – 铜 Cu、锡 Sn – 银 Ag – 铜 Cu – 铋 Bi、锡 Sn – 锌 Zn，其中锡 Sn – 银 Ag – 铜 Cu 配比的使用最为广泛。

锡膏具有粘性，粘度是锡膏的一个重要特性，从动态方面，在印刷行程中，其粘性越低对流动性越好，易于流入钢网孔内；从静态方面考虑，印刷后，锡膏停留在钢网孔内，其粘度高，则保持其填充的形状，而不会往下塌陷。

锡膏在印刷时，受到刮刀的推力作用，其粘度下降，当到达网板开口孔时，粘度达到最低，故能顺利通过网板孔沉降到 PCB 的焊盘上，随着外力的停止，锡膏的粘度又迅速的回升，这样就不会出现印刷成型的塌落和漫流，得到良好的印刷效果。

（2）模板。

模板所用材料有不锈钢、尼龙、聚脂材料等。历史上，使用一种厚的乳胶丝网，它有别于丝印模板，现在只有少数锡膏丝印机使用。金属模板比乳胶丝网普遍得多，优越得多，并且也不会太贵。

制作开孔的工艺过程控制开孔壁的光洁度和精度。有三种常见的制作模板的工艺：化学腐蚀、激光切割和电铸成型工艺。

①化学腐蚀（Chemically etched）模板：在金属箔上涂抗蚀保护剂，用销钉定位感光工具，将图形曝光在金属箔两面，然后使用双面工艺同时从两面腐蚀金属箔。优点：成本最低，周转最快；缺点：开口形成刀锋或沙漏形状；

②激光切割（Laser - cut）模板：直接从客户的原始 Gerber 数据产生，在作必要修改后传送到激光机，由激光光束进行切割。优点：错误减少，消除位置不正机会；缺点：激光光束产生金属熔渣，造成孔壁粗糙；

③电铸成型（Electroformed）模板：通过在一个要形成开孔的基板上显影刻胶，然后逐个原子，逐层在光刻胶周围电镀出模板。优点：提供完美的工艺定位，没有几何形状的限制，改进锡膏的释放；缺点：要涉及一个感光工具，电镀工艺不均匀失去密封效果，密封块可能会去掉。

化学腐蚀和激光切割是制作模板的减去工艺。化学蚀刻工艺是最老的、使用最广的。激光切割相对较新，而电铸成型模板是最新时兴的东西

（3）刮刀（刮板）。

刮板的磨损、压力和硬度决定印刷质量，应该仔细监测。对可接受的印刷品质，刮板边缘应该锋利和直线。刮板有两种形式：菱形和拖裙形，拖裙形分成橡胶或聚氨酯（Polyurethane）（或类似）材料和金属。

①拖裙形。这种形式很普遍，由截面为矩形的金属构成，夹板支持，需要两个刮板，一个丝印行程方向一个刮板。无须跳过锡膏条，因锡膏就在两个刮板之间，每个行程的角度可以单独决定。大约 40 mm 刮板是暴露的，而锡膏只向上走 15 ~ 20 mm，所以这种形式更干净些。

②菱形。这种形式现在已很不普遍了，虽然还在使用，特别是在美国和日本。它由截面约为 10 mm × 10 mm 的正方形组成，由夹板夹住，形成两面45°的角度。这种刮板可以两个方向工作，每个行程末都会跳过锡膏条，因此只要一个刮板。可是，这样很容易弄脏，因为锡膏会往上跑，而不是只停留在聚乙烯很少的暴露部分。其挠性不够意味着不能贴合扭曲变形的 PCB，可能造成漏印区域。

（4）影响印刷品质的几个重要参数。

①刮刀压力：刮刀压力的改变，对印刷来说影响重大。太小的压力，导致印制

电路板上焊膏量不足；太大的压力，则导致焊膏印得太薄。一般把刮刀压力设定为0.5 kg/25 mm，在理想的刮刀速度及压力下，应该正好把焊膏从模板表面刮干净。另外，刮刀的硬度也会影响焊膏的厚薄。太软的刮刀会使焊膏凹陷，所以建议采用较硬的刮刀或金属刀。

②印刷厚度：印刷厚度是由模板的厚度所决定的，机器设定和焊膏的特性也有一定的关系。模板厚度是与IC脚距密切相关的。印刷厚度的微量调整，经常通过调节刮刀速度及刮刀压力来实现。

2. 贴片

贴片的作用是将表面组装元器件准确安装到PCB的固定位置上。所用设备为贴片机，位于SMT生产线中丝印机的后面。

贴片机就是用来将表面组装元器件准确安装到PCB的固定位置上的设备，贴片机的贴装精度及稳定性将直接影响到所加工电路板的品质及性能。目前车间内贴片机主要分为两种。

（1）拱架型（Gantry）。元件送料器、基板是固定的，贴片头（安装多个真空吸料嘴）在送料器与基板之间来回移动，将元件从送料器取出，经过对元件位置与方向的调整，然后贴放于基板上。由于贴片头安装于拱架型的X/Y坐标移动横梁上，所以得名。这类机型的优势在于：系统结构简单，可实现高精度，适于各种大小、形状的元件，甚至异型元件，送料器有带状、管状、托盘形式，适于中小批量生产，也可多台机组合用于大批量生产。这类机型的缺点在于：贴片头来回移动的距离长，所以速度受到限制。

（2）转塔型（Turret）。元件送料器放于一个单坐标移动的料车上，基板放于一个X/Y坐标系统移动的工作台上，贴片头安装在一个转塔上，工作时，料车将元件送料器移动到取料位置，贴片头上的真空吸料嘴在取料位置取元件，经转塔转动到贴片位置（与取料位置成180°），在转动过程中经过对元件位置与方向的调整，将元件贴放于基板上。这类机型的优势在于：一般而言，转塔上安装有十几到二十几个贴片头，每个贴片头上安装2～4个真空吸嘴（较早机型）或5～6个真空吸嘴（现在机型）。由于转塔的特点，将动作细微化，选换吸嘴、送料器移动到位、取元件、元件识别、角度调整、工作台移动（包含位置调整）、贴放元件等动作都可以在同一时间周期内完成，所以实现了真正意义上的高速度。目前最快的时间周期达到0.08～0.10 s一片元件。这类机型的缺点在于：贴装元件类型有限制，并且价格昂贵。

3. 回流焊

回流焊的作用是将焊膏熔化，使表面组装元器件与PCB牢固粘接在一起。所用设备为回流焊炉，位于SMT生产线中贴片机的后面。

回流焊是SMT流程中非常关键的一环，其作用是将焊膏熔化，使表面组装元器件与PCB牢固黏接在一起，如不能较好地对其进行控制，将对所生产产品的可靠性及使用寿命产生灾难性影响。回流焊的方式有很多，较早前比较流行的方式有红外式及气相式，现在较多厂商采用的是热风式回流焊，还有部分先进的或特定场合使用的回流方式，如热型芯板、白光聚焦、垂直烘炉等。以下将对现在比较流行的热风式回流焊作简单的介绍。

现在所使用的大多数新式的回流焊接炉，称作强制对流式热风回流焊炉。它通过内部的风扇，将热空气吹到装配板上或周围。这种炉的一个优点是，可以对装配板逐渐地和一致地提供热量，不管零件的颜色和质地如何。虽然由于不同的厚度和元件密度，热量的吸收可能不同，但强制对流式炉逐渐地供热，同一 PCB 上的温差没有太大的差别。另外，这种炉可以严格地控制给定温度曲线的最高温度和温度速率，其提供了更好的区到区的稳定性，以及一个更受控的回流过程。

热风回流焊过程中，焊膏需经过以下几个阶段：溶剂挥发；助焊剂清除焊件表面的氧化物；焊膏的熔融、再流动以及焊膏的冷却、凝固。一个典型的温度曲线（Profile，指通过回焊炉时，PCB 上某一焊点的温度随时间变化的曲线）分为预热区、保温区、回流区及冷却区，如图 2-25 所示。

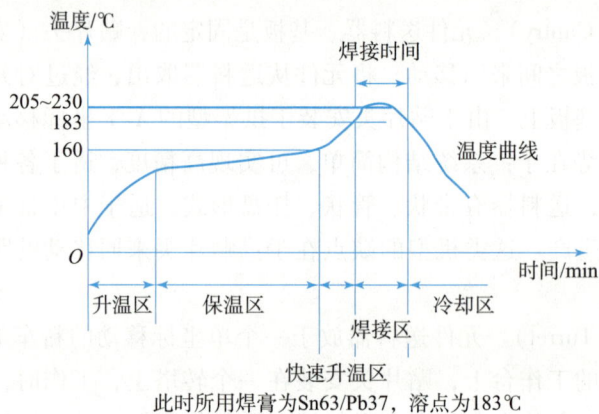

图 2-25　回焊炉温区分布

（1）预热区（升温区）。预热区的目的是使 PCB 和元器件预热，达到平衡，同时除去焊膏中的水分、溶剂，以防焊膏发生塌落和焊料飞溅。升温速率要控制在适当范围内（过快会产生热冲击，如引起多层陶瓷电容器开裂、造成焊料飞溅，使在整个 PCB 的非焊接区域形成焊料球及焊料不足的焊点；过慢则助焊剂（Flux）失去活性作用），一般规定最大升温速率为 4 ℃/s，上升速率设定为 1~3 ℃/s，ECS 标准为低于 2.5 ℃/s。

（2）保温区。指从 120 ℃升温至 160 ℃的区域。其主要目的是使 PCB 上各元件的温度趋于均匀，尽量减少温差，保证在达到再流温度之前焊料能完全干燥，到保温区结束时，焊盘、锡膏球及元件引脚上的氧化物应被除去，整个电路板的温度达到均衡。过程时间为 60~120 s，根据焊料的性质有所差异。ECS 标准为：130~160 ℃，MAX120s。

（3）回流区。这一区域中加热器的温度设置得最高，焊接峰值温度视所用锡膏的不同而不同，一般推荐为锡膏的熔点温度加 20~40 ℃。此时焊膏中的焊料开始熔化，再次呈流动状态，替代液态焊剂润湿焊盘和元器件。有时也将该区域分为两个区，即熔融区和再流区。理想的温度曲线是超过焊锡熔点的"尖端区"覆盖的面积最小且左右对称，一般情况下超过 200 ℃ 的时间范围为 30 ~ 40 s。ESC 的标准为 Peak Temp.：210 ~ 220 ℃，超过 200 ℃ 的时间范围为 40 ± 3 s。

（4）冷却区。用尽可能快的速度进行冷却，将有助于得到明亮的焊点、饱满的外形和低的接触角度。缓慢冷却会导致 PAD 的更多分解物进入锡中，产生灰暗毛糙的焊点，甚至引起沾锡不良和弱焊点结合力。降温速率一般为 – 4 ℃/s 以内，冷却至75 ℃ 左右即可，一般情况下都要用离子风扇进行强制冷却。ESC 的标准为 Slope > – 3 ℃/s。

总结提升

1. SMT 生产线主要由点胶机、焊膏印刷机、SMC/SMD 贴片机、回流焊接（或波峰焊接）设备、检测设备等组成。

2. SMT 生产线的三大关键工序：印刷、贴片、回流焊。

3. 回流焊的温度曲线分为预热区、保温区、回流区及冷却区。

巩固练习

1. 焊膏印刷机的主要工艺参数有哪些？

2. 贴片机的分类有哪些？

3. 分析题：如图 2 – 26 所示为理想状态的回流焊温度曲线图，看图后请回答以下问题：

（1）请写出 A，B，C，D，E 各段的名称。

（2）A 段主要控制的参数是什么？其值是多少？

（3）B 段的主要作用是什么？通常在这一段的时间是多少？

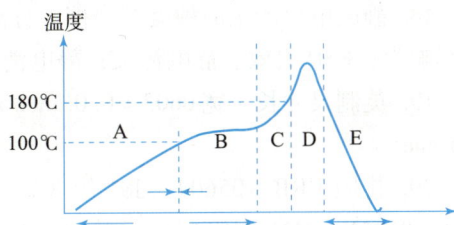

图 2 – 26　理想状态的回流焊温度曲线

（4）D 段的温度一般在什么范围内？焊料在 183 ℃ 以上应控制在多长时间内？

（5）在 E 段，我们通常控制的参数是什么？其值应该是多少？

职业技能鉴定指导

SMT 常用知识简介

1. 一般来说，SMT 车间规定的温度为 25 ℃ ±3 ℃。

2. 锡膏印刷时，所需准备的材料及工具包括锡膏、钢板、刮刀、擦拭纸、无尘纸、清洗剂、搅拌刀。

3. 一般常用的锡膏合金成分为 Sn/Pb 合金，且合金比例为 63:37。

4. 锡膏中主要成分分为两大部分：锡粉和助焊剂。

5. 助焊剂在焊接中的主要作用是去除氧化物、破坏融锡表面张力、防止再度氧化。

6. 锡膏中锡粉颗粒与助焊剂（Flux）的体积之比约为 1:1，重量之比约为 9:1。

7. 锡膏的取用原则是先进先出。

8. 锡膏在开封使用时，须经过两个重要的过程：回温和搅拌。

9. 钢板常见的制作方法有：蚀刻、激光、电铸。

10. SMT 的全称是 Surface Mount（或 Mounting）Technology，中文含义为表面黏着（或贴装）技术。

11. ESD 的全称是 Electro – Static Discharge，中文含义为静电放电。

12. 制作 SMT 设备程序时，程序中包括五大部分，此五部分为 PCB data，Mark data，Feeder data，Nozzle data 和 Part data。

13. 无铅焊锡 Sn/Ag/Cu 96.5/3.0/0.5 的熔点为 217 ℃。

14. 零件干燥箱的管制相对温湿度为小于 10%。

15. 常用的被动元器件（Passive Devices）有电阻、电容、电感（或二极体）等；主动元器件（Active Devices）有电晶体、IC 等。

16. 常用的 SMT 钢板的材质为不锈钢。

17. 常用的 SMT 钢板的厚度为 0.15 mm（或 0.12 mm）。

18. 静电电荷产生的种类有摩擦、分离、感应、静电传导等；静电电荷对电子工业的影响为：ESD 失效、静电污染；静电消除的三种原理为静电中和、接地、屏蔽。

19. 英制尺寸长 × 宽 0603 = 0.06inch × 0.03inch，公制尺寸长 × 宽 3216 = 3.2 mm × 1.6 mm。

20. 排阻 ERB – 05604 – J81 第 8 码 "4" 表示为 4 个回路，阻值为 56 Ω。电容 ECA – 0105Y – M31 容值为 $C = 10^6$ pF = 1 nF = 10×10^{-6} F。

21. ECN 中文全称为：工程变更通知单；SWR 中文全称为：特殊需求工作单，必须由各相关部门会签，文件中心分发，方为有效。

22. "5S" 的具体内容为整理、整顿、清扫、清洁、素养。

23. PCB 真空包装的目的是防尘及防潮。

24. 品质政策为：全面品管、贯彻制度、提供客户需求的品质；全员参与、及时处理，以达成零缺点的目标。

25. 品质三不政策为：不接受不良品、不制造不良品、不流出不良品。

26. QC 七大手法中鱼骨查原因中 4M1E 分别是指：人力（Man）、物料（Material）、机器（Machine）、方法（Method）、环境（Environment）。

27. 锡膏的成分包含：金属粉末、溶剂、助焊剂、抗垂流剂、活性剂；按重量分，金属粉末占 85% ~92%，按体积分，金属粉末占 50%；其中金属粉末的主要成分为锡和铅，比例为 63/37，熔点为 183 ℃。

28. 锡膏使用时必须从冰箱中取出回温，目的是让冷藏的锡膏恢复常温，以利印刷。如果不回温，则在 PCB 进 Reflow 后易产生的不良为锡珠。

29. 机器的文件供给模式有：准备模式、优先交换模式、交换模式和速接模式。

30. SMT 的 PCB 定位方式有：真空定位、机械孔定位、双边夹定位及板边定位。

31. 丝印（符号）为 272 的电阻，阻值为 2 700 Ω，阻值为 4.8 MΩ 的电阻的丝印（符号）为 485。

32. BGA 本体上的丝印包含厂商、厂商料号、规格和 Datecode/（Lot No）等信息。

33. 208pinQFP 的 Pitch 为 0.5 mm。

34. QC 七大手法中，鱼骨图强调寻找因果关系。

35. CPK 指目前实际状况下的制程能力。

36. 助焊剂在恒温区开始挥发进行化学清洗动作。

37. 理想的冷却区曲线和回流区曲线镜像关系。

38. $Sn_{62}Pb_{36}Ag_2$ 之焊锡膏主要试用于陶瓷板。

39. 以松香为主的助焊剂可分 4 种：R、RA、RSA、RMA。

40. RSS 曲线为升温→恒温→回流→冷却曲线。

41. 我们现使用的 PCB 材质为 FR-4。

42. PCB 翘曲规格不超过其对角线的 0.7%。

43. STENCIL 制作激光切割是可以再重工的方法。

44. 目前计算机主板上常用的 BGA 球径为 0.76 mm。

45. ABS 系统为绝对坐标。

46. 陶瓷芯片电容 ECA-0105Y-K31 误差为 ±10%。

47. 目前使用的计算机的 PCB，其材质为玻纤板。

48. SMT 零件包装其卷带式盘直径为 13 寸、7 寸。

49. SMT 一般钢板开孔要比 PCB PAD 小 4 μm，可以防止锡球不良的现象。

50. 按照《PCBA 检验规范》，当二面角大于 90° 时表示锡膏与波焊体无附着性。

51. IC 拆包后湿度显示卡上湿度在大于 30% 的情况下表示 IC 受潮且吸湿。

52. 锡膏成分中锡粉与助焊剂的重量比和体积比分别为 90%:10% 和 50%:50%。

53. 早期的表面贴装技术源自于 20 世纪 60 年代中期的军用及航空电子领域。

54. 目前 SMT 最常使用的焊锡膏 Sn 和 Pb 的含量为 63Sn、37Pb。

55. 常见的带宽为 8 mm 的纸带料盘送料间距为 4 mm。

56. 在 20 世纪 70 年代前期，业界中新出现一种 SMD，为"密封式无脚芯片载体"，常以 LCC 简代之。

57. 符号为 272 的组件的阻值应为 2.7 kΩ。

58. 100 nF 组件的容值与 0.10 μF 相同。

59. 63Sn 37Pb 的共晶点为 183 ℃。

60. SMT 使用量最大的电子零件材质是陶瓷。

61. 回焊炉温度曲线的曲线最高温度为 215 ℃ 最适宜。

62. 锡炉检验时，锡炉的温度为 245 ℃较合适。

63. 钢板的开孔形式有：方形、三角形、圆形、星形、本磊形。

64. SMT 段排阻无方向性。

65. 目前市面上出售的锡膏，实际只有 4 小时的黏性时间。

66. SMT 设备一般使用的额定气压为 5 kg/cm²。

67. SMT 零件维修的工具有：烙铁、热风拔取器、吸锡枪、镊子。

68. QC 分为：IQC、IPQC、FQC、OQC。

69. 高速贴片机可贴装电阻、电容、IC、晶体管。

70. 静电的特点：小电流、受湿度影响较大。

71. 正面 PTH、反面 SMT 过锡炉时使用扰流双波焊焊接方式。

72. SMT 常见的检验方法：目视检验、X 光检验、机器视觉检验。

73. 铬铁修理零件的热传导方式为传导和对流。

74. 目前 BGA 材料其锡球的主要成分：Sn90 Pb10，SAC305，SAC405。

75. 钢板的制作方法有：激光切割、电铸法、化学蚀刻。

76. 回焊炉的温度是以测量仪量出的温度为准。

77. SMT 半成品的焊接状况是零件固定于 PCB 上。

78. 现代质量管理发展的历程：TQC—TQA—TQM。

79. ICT 测试能测电路板上的所有电子元件，采用静态测试。

80. ICT 之测试能测电子零件采用静态测试。

81. 焊锡的特性是：熔点比其他金属低；物理性能满足焊接条件；低温时流动性比其他金属好。

82. 回焊炉零件更换制程条件变更要重新测量温度曲线。

83. 西门子 80F/S 属于较电子式控制传动。

84. 锡膏测厚仪是利用 Laser 光测：锡膏度、锡膏厚度、锡膏印出之宽度。

85. SMT 零件供料方式有：振动式供料器、盘状供料器、卷带式供料器。

86. SMT 设备运用的机构有：凸轮机构、边杆机构、螺杆机构、滑动机构。

87. 目检若无法确认，则需要依照作业 BOM、厂商确认、样品板。

88. 若零件包装方式为 12W8P，则计数器 Pinth 尺寸须调整每次进 8 mm。

89. 回焊机的种类：热风式回焊炉、氮气回焊炉、Laser 回焊炉、红外线回焊炉。

90. SMT 零件样品试作可采用的方法：流线式生产、手印机器贴装、手印手贴装。

91. 常用的 MARK 形状有：圆形，"十"字形、正方形，菱形，三角形，万字形。

92. SMT 段因 Reflow Profile 设置不当，可能造成零件微裂的是预热区、冷却区。

93. SMT 段零件两端受热不均匀易造成：空焊、偏位、墓碑。

94. 高速机与泛用机的 Cycle time 应尽量均衡。

95. 品质的真意就是第一次就做好。

96. 贴片机应先贴小零件，后贴大零件。

97. BIOS 是一种基本输入输出系统，全英文为：Base Input/Output System。

98. SMT 零件依据零件脚有无可分为 LEAD 与 LEADLESS 两种。

99. 常见的自动放置机有三种基本型态，接续式放置型，连续式放置型和大量移送式放置机。

100. SMT 制程中没有 LOADER 也可以生产。

101. SMT 流程是送板系统—锡膏印刷机—高速机—泛用机—回流焊—收板机。

102. 温湿度敏感零件开封时，湿度卡圆圈内显示颜色为蓝色，零件方可使用。

103. 尺寸规格 20 mm 不是料带的宽度。

104. 制程中因印刷不良造成短路的原因：a. 锡膏金属含量不够，造成塌陷 b. 钢板开孔过大，造成锡量过多 c. 钢板品质不佳，下锡不良，换激光切割模板 d. Stencil 背面残有锡膏，降低刮刀压力，采用适当的 VACCUM 和 SOLVENT。

105. 一般回焊炉 Profile 各区的主要工程目的：a. 预热区；工程目的：锡膏中溶剂挥发。b. 均温区；工程目的：助焊剂活化，去除氧化物；蒸发多余水分。c. 回焊区；工程目的：焊锡熔融。d. 冷却区；工程目的：合金焊点形成，零件脚与焊盘接为一体。

106. SMT 制程中，锡珠产生的主要原因：PCB PAD 设计不良、钢板开孔设计不良、置件深度或置件压力过大、Profile 曲线上升斜率过大、锡膏坍塌、锡膏黏度过低。

习题一

一、单项选择题（共 10 题，每题 1.5 分，共 15 分；每题的备选答案中，只有一个最符合题意，请将其编号填写在相应括号内）。

1. SMT 环境温度为（　　）。

A. 23 ℃ ±3 ℃　　　B. 30 ℃ ±3 ℃　　　C. 28 ℃ ±3 ℃　　　D. 32 ℃ ±3 ℃

2. 常见的带宽为 8 mm 的纸带料盘送料间距为（　　）。

A. 3 mm　　　　B. 4 mm　　　　C. 5 mm　　　　D. 6 mm

3. 符号为 272 的电阻的阻值应为（　　）。

A. 272R　　　　B. 270 Ω　　　　C. 2.7 kΩ　　　　D. 27 kΩ

4. 100nF 组件的容值与下列何种相同（　　）。

A. 103 μF　　　　B. 10 μF　　　　C. 0.10 μF　　　　D. 1 μF

5. 目前 SMT 最常用的焊锡膏 Sn 和 Pb 的含量各为（　　）。

A. 63Sn +37Pb　　B. 90Sn +37Pb　　C. 37Sn +63Pb　　D. 50Sn +50Pb

6. 63Sn +37Pb 的熔点为（　　）。

A. 153 ℃　　　　B. 183 ℃　　　　C. 220 ℃　　　　D. 230 ℃

7. 钢板的制作方法有（　　）。

A. 化学腐蚀法　　B. 激光切割法　　C. 电铸法　　D. 以上皆是

8. 铬铁修理元器件利用（　　）。

A. 辐射　　　　B. 传导　　　　C. 传导 + 对流　　　　D. 对流

9. 机器的日常保养维修项（　　）。

A. 每日保养　　B. 每周保养　　C. 每月保养　　D. 每季保养

10. SMT 产品须经过：a. 元器件放置；b. 焊接；c. 清洗；d. 印锡膏，其先后顺序为（ ）。

A. a→b→d→c　　　　　　　　　B. b→a→c→d

C. d→a→b→c　　　　　　　　　D. a→d→b→c

二、**多项选择题**（共 10 题，每题 2 分，共 20 分。每题的备选答案中，有两个或两个以上符合题意，请将其编号填写在相应括号内，错选或多选均不得分；少选，但选择正确的，每个选项得 0.5 分，最多不超过 2 分）。

1. 与传统的通孔插装产品相比较，SMT 产品具有（   ）的特点。

A. 轻　　　　B. 长　　　　C. 薄　　　　D. 短　　　E. 小

2. 表面组装元器件的包装类型有（   ）。

A. 散装　　　　B. 管装　　　　C. 编带　　　　D. 托盘

3. 编带式包装，其带宽标准化尺寸有（   ）。

A. 4 mm　　　　B. 8 mm　　　　C. 12 mm　　　　D. 16 mm

4. SMT 产品的物料包括哪些（   ）。

A. PCB　　　　B. 电子元器件　　　　C. 锡膏　　　　D. 贴片胶

5. 高速机可贴装哪些元器件（   ）。

A. 电阻　　　　B. 电容　　　　C. IC　　　　D. 晶体管

6. 锡膏印刷机有几种（   ）。

A. 手动印刷机　　　　　　　　B. 半自动印刷机

C. 全自动印刷机　　　　　　　D. 半自视觉印刷机

7. SMT 设备 PCB 定位方式有哪些形式（   ）。

A. 机械孔定位　　B. 边定位　　C. 真空吸力定位　　D. 夹板定位

8. 对 PCB 整体加热回流焊机的种类有（   ）。

A. 热风式回流焊炉　　　　　　B 热板回流焊炉

C. 激光回流焊炉　　　　　　　D. 红外线回流焊炉

9. SMT 元器件的修补工具有（   ）。

A. 普通烙铁　　B. 智能烙铁　　C. 吸锡枪　　D. 返修台

10. 不良焊接项目有（   ）。

A. 冷焊　　　　B. 柜焊　　　　C. 气泡　　　　D. 针孔

三、**判断题**（共 10 题，每题 2 分，共 20 分。请将判断结果在相应位置上打"√"或"×"）。

1. SMT 是 Surface Mousing Technology 的缩写。　　　　　　　　　　（   ）

2. 公制（mm）和英制（inch）的转换公式为：25.4 mm×英制（inch）尺寸＝公制（mm）尺寸。　　　　　　　　　　　　　　　　　　　　　　　　　（   ）

3. 每一种包装的元器件都有相应的供料器供料。　　　　　　　　　　（   ）

4. SMT 流程是：送板系统—锡膏印刷机—高速机—多功能机—回流焊—收板机。

（   ）

5. 一台锡膏印刷机只需要配备一个钢板就足够了。　　　　　　　　　（　　　）

6. 钢板使用后表面大致清洗，等下次使用前再用毛刷清洁干净。　　　（　　　）

7. 多功能机只能贴装IC，而不能贴装较小的电阻电容。　　　　　　　（　　　）

8. 高速机和多功能机的贴片时间应尽量平稳。　　　　　　　　　　　（　　　）

9. 元器件焊接的目的只要电气性能通过就可以了。　　　　　　　　　（　　　）

10. SMT生产过程中，每道工序都必须首板确认通过后才能批量生产。　（　　　）

四、简答题（每题5分，共20分）。

1. 简述表面贴装技术的特点。

2. 焊膏印刷机的主要工艺参数有哪些？

3. 简述自动贴装机的工作原理。

4. 请说出5种以上电子产品的常用封装。

五、分析题（25分）。

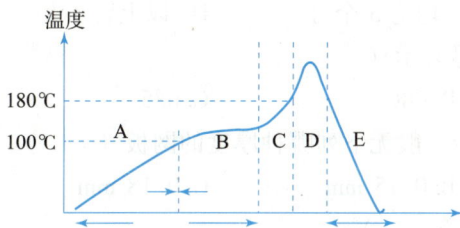

上图为理想状态的回流焊温度曲线图，看图后请回答以下问题。

（1）请写出A，B，C，D，E各段的名称。（5分）

（2）A段主要控制的参数是什么？其值是多少？（5分）

（3）B段的主要作用是什么？通常在这一段的时间是多少？（5分）

（4）D段的温度一般在什么范围内？焊料在183℃以上应控制在多长时间内？（5分）

（5）在E段，我们通常控制的参数是什么？其值应该是多少？（5分）

习题二

一、单项选择题（共15题，每题2分，共30分；每题的备选答案中，只有一个最符合题意）。

1. 下列电容尺寸为英制的是（　　　）。

A. 1005　　　　　　B. 1608　　　　　　C. 4564　　　　　　D. 1206

2. SMT产品须经过：a. 零件放置；b. 回流焊；c. 检验；d. 上锡膏，其先后顺序为（　　　）。

A. a→b→d→c　　　　　　　　　　B. b→a→c→d

C. d→a→b→c　　　　　　　　　　D. a→d→b→c

3. 符号为272的组件的阻值应为（　　　）。

A. 272R　　　　　　B. 270Ω　　　　　　C. 2.7 kΩ　　　　　　D. 27 kΩ

4. 玻璃二极管侧面（上下）偏移（Ⅱ）标准为（　　）。

A. 侧面偏移大于组件直径宽（W）或焊盘宽度（P）的 1/4 较小者

B. 侧面偏移大于组件直径宽（W）或焊盘宽度（P）的 1/2 较小者

C. 侧面偏移大于组件直径宽（W）或焊盘宽度（P）的 1/3 较小者

5. 有铅锡膏的熔点为（　　）。

A. 183 ℃　　　　　　B. 150 ℃　　　　　　C. 217 ℃　　　　　　D. 230 ℃

6. 锡膏的组成（　　）。

A. 锡粉＋助焊剂　　　　　　　　　　B. 锡粉＋助焊剂＋稀释剂

C. 锡粉＋稀释剂

7. 焊锡现分有铅与无铅，保管温度符合其要求时，从灌装到废弃时，其有效期（　　）。

A. 有铅有效期长　　　　　　　　　　B. 无铅有效期长

C. 两者有效期一样，均为 3 个月　　　D. 以上皆不是

8. 6.8 MΩ 5% 其符号表示（　　）。

A. 682　　　　　　　B. 686　　　　　　　C. 685　　　　　　　D. 684

9. SMT 锡膏印刷网板一般无下列哪种厚度的网板（　　）。

A. 0.13 mm　　　　　B. 0.15 mm　　　　　C. 0.18 mm　　　　　D. 0.05 mm

10. 网板的开孔形式（　　）。

A. 方形　　　　　　　B. 梯形　　　　　　　C. 圆形　　　　　　　D. 以上皆是

11. 英制 0805 组件其长、宽（　　）。

A. 2.0 mm，1.25 mm　　　　　　　　B. 0.08inch，0.05inch

C. 二者皆是　　　　　　　　　　　　D. 以上都不是

12. 锡膏要求其保存温度为（　　）。

A. 5～15 ℃　　　　　B. 0～10 ℃　　　　　C. 10～28 ℃　　　　　D. 55%～65% RH

13. 上料员上料必须根据下列（　　）方可上料生产。

A. BOM　　　　　　B. 设备 FEED NO　　C. 程序站位表　　　　D. 以上皆是

14. 网板的清洁可利用下列哪些溶剂（　　）。

A. 水　　　　　　　　B. IPA（酒精）　　　C. 清洁剂　　　　　　D. 助焊剂

15. 零件的量测可利用下列哪些方式（　　）。

a. 游标卡尺　　　　　b. 坐标机　　　　　　c. 千分尺　　　　　　d. C 型夹

A. a，c　　　　　　　B. a，c，d　　　　　　C. a，b，c　　　　　　D. a，b

二、**多项选择题**（共 10 题，每题 3 分，共 30 分。每题的备选答案中，有两个或两个以上符合题意，错选或多选均不得分；少选但选择正确的，每个选项得 0.5 分，最多不超过 1.5 分）。

1. 常见的 SMT 零件脚形状有（　　）。

A. "R" 脚　　　　　　B. "L" 脚　　　　　　C. "I" 脚　　　　　　D. 球状脚

2. SMT 零件进料包装方式有（　　）。

A. 散装　　　　　　B. 管装　　　　　　C. 盘装　　　　　　D. 带装

3. SMT 零件供料方式有（　　　）。

A. 振动式供料器　　B. 静止式供料器　　C. 盘式供料器　　D. 卷带式供料器

4. 盘式料由操作员上线前自行备料，在此过程中应检查（　　　）。

A. 料号是否与要找的料号一致　　　　　B. 逐个检查物料的方向

C. 料盘中物料的数量　　　　　　　　　D. 物料的引脚有无变形

5. 换料时须检查待换物料和机器上物料的（　　　）是否一致，确认无误后方可上料。

A. PART/NO　　　B. 位置　　　　　　C. 方向　　　　　　D. 物料描述

6. 炉后检验人员检查焊接质量时应（　　　）。

A. 依相关的技术文件对焊点进行检查

B. 依相关的技术文件检查元器件位置和方向的正确性

C. 对合格品、不合格品应分别标识和放置、跟踪不合格品处理的结果和数量

D. 加工双面板时，第二面过回流炉后需对前 5 块板正、反面要全检

7. 锡珠的允收标准为（　　　）。

A. 固定的锡珠可以存在，但不影响性能　B. 流动的锡珠不能存在

C. 流动的锡珠直径要小于 PCB 中的最小间隙

8. 100 μF 组件的容值与下列何种不同（　　　）。

A. 10^4 nF　　　　B. 10^7 pF　　　　C. 0.10 mF　　　　D. 0.01 F

9. 关于片式组件焊点高度（Ⅱ）标准下列描述正确的是（　　　）。

A. 最大焊点高度超出焊盘或延伸至金属镀层可焊端的顶部可接受

B. 焊锡接触组件本体为不良

C. 无明显润湿，组件体上无明显的焊接高度

D. 最大焊点高度超出焊盘或延伸至金属镀层可焊端的顶部不可接受

10. 贴片电感 10 μH，以下单位换算正确的是（　　　）。

A. 10^3 nH　　　　B. 10^6 pH　　　　C. 0.01 mH　　　　D. 0.000 01 H

三、判断题（共 10 题，每题 2 分，共 20 分）。　　　　　　　　（　　　）

1. SMT 是 Surface Mounted Technology（表面贴装技术）的缩写。　　（　　　）

2. 目检之后，板子可以重叠，且置于箱子内，等待搬运。　　　　　　（　　　）

3. 初品检验员进行检验的依据是作业指导书［（或者 BOM）生产技术承认的]。

　　　　　　　　　　　　　　　　　　　　　　　　　　　　　　　（　　　）

4. 4052 铝电容是指铝电容的直径为 4.0 mm，高度为 5.2 mm。　　　（　　　）

5. 零件焊接的目的只是要把零件与焊盘接合点结合起来。　　　　　　（　　　）

6. 品质的真意是按照作业的规范或作业指导书进行一次性达到合格产品。（　　　）

7. SMT 误插、逆插、未插三大不良均可以杜绝发生，但虚焊只能减少。（　　　）

8. 有铅锡膏的熔点是 183 ℃。　　　　　　　　　　　　　　　　　　（　　　）

9. SMT 进行目视检查时需要遵循从大到小、从高到低、IC 优先及原则，往常出现

的不良进行重点检查。 （　　）

10. 当同位置出现同种不良两次以上时需要进行 LINE STOP，分析原因并提出方案进行实施；原因未及时找到时，由主要负责人实施临时对策方可进行生产。 （　　）

四、问答题

1. 在 PCB 印刷焊锡膏时，因某原因造成 IC 多部位短路，怎样进行处理？（5 分）

2. 出现批量不良时，怎样处理？（5 分）

3. 生产与品质永远是矛盾的，怎样处理好 SMT 生产与品质的关系？（10 分）

实战篇
SHI ZHAN PIAN

项目三

SMT产品的手工组装

学习指南

本项目共28课时，其中理论14课时，实训14课时。内容主要有：SMT元件的识别与检测，SMT生产辅料的管理与选择，SMT的手工印刷、贴片和回流焊接。学习内容和要求如下：

（1）了解元器件种类、型号、尺寸、参数表达式。

（2）能熟练实施焊膏、红胶保管和使用。

（3）能正确放置与调整印刷模板。

（4）能正确拆装刮刀。

（5）能正确进行手工印刷。

（6）能手工贴装元件。

（7）能用回流焊机进行回流焊接。

（8）能达到电子装接（表面贴装）高级工职业资格证任职要求。

（9）能依据不同的PCB组装任务，熟练地实施SMT制程管控、设备操作、维护等专业技能。

SMT的主要工艺流程包括锡膏印刷、元件贴装和回流焊接3部分，如图3-1所示。

图3-1 表面贴装工艺流程

锡膏印刷是指使用网板、刮刀和丝印台将焊锡膏准确、均匀地分布到所需焊接的各个焊盘上。锡膏印刷所需的工具有不锈钢网板、不锈钢刮刀和丝印台。

元件贴装是指使用吸笔或者贴片台将元器件准确地放置在PCB的焊盘上。元件贴装所需的工具有吸笔、贴片台。如果要贴装BGA元件，则需要配置BGA贴装系统。

回流焊接是指使用回流焊机将PCB上的焊锡膏熔化，将元件和PCB焊盘连接在一起。回流焊接所需的工具有回流焊机，为了提高工作效率，可以配备PCB托架。

思维导图

SMT元器件识别、测试及封装形式

SMT元器件的手工贴片与回流焊机回焊

贴片式FM微型收音机的手工组装

SMT的手工印刷

SMT生产辅助材料的选择和管理

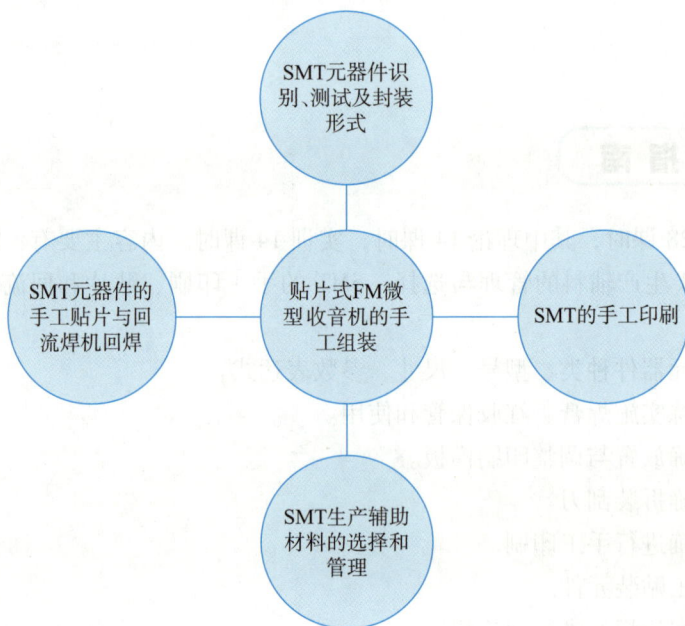

任务一　SMT元器件识别、测试及封装形式

任务描述

电子元器件是组成电子产品的基础，元器件知识是SMT QC及其他岗位新员工进入本岗位后必须掌握的岗位基础知识。本次任务就是进行SMT元件的识别与检测。

知识目标

- 熟悉SMT常用元器件分类，并能够分辨出各元器件。
- 掌握SMT常用元器件测试方法，并能对常用元件进行质量鉴定。
- 了解SMT元器件的封装和包装。

- 掌握识别元器件表面丝印型号的方法。

技能目标

- 在所给的 SMT 元器件中，辨别出无源器件、有源器件和机电器件。
- 准确识别 SMT 元器件的封装形式。
- 依据表面丝印，准确读出元器件型号和数值。

任务分析

电子元器件按安装方式可分为通孔安装与表面安装两大类，这里主要介绍表面安装的电子元器件。

实训器材：模拟式万用表、数字式万用表、元器件筛选仪、SMT 常用元器件。

实训方式

- 实训室讲练结合。
- 利用多媒体。

对学生的要求

- 具备 THT 元器件的相关知识。
- 能够使用相关测试仪器。
- 了解相关的用电安全知识，了解 8S 管理内容。
- 遵守纪律。

必备知识

3.1.1　SMT 元器件的特点及分类

SMC/SMD（Surface Mount Components/Surface Mount Devices）是外形为矩形的片状、圆柱形、立方体或异形，其焊端或引脚制作在同一平面内，并适合于表面组装工艺的电子元器件。

一、SMT 元器件的特点

（1）尺寸小、重量轻，能进行高密度组装，使电子设备小型化、轻量化和薄型化。

（2）无引线或短引线，减少了寄生电感和电容，不但高频特性好，有利于提高使用频率和电路速度，而且贴装后几乎不需要调整。

（3）形状简单、结构牢固，紧贴在 SMB 电路板上，不怕振动、冲击。

（4）印制板无须钻孔，组装的元件无引线打弯剪短工序。

（5）尺寸和形状标准化，能够采取自动贴片机进行自动贴装，可靠性高，便于大批量生产，而且综合成本低。

二、SMT 元器件的分类

SMT 元器件按功能不同可以分为无源器件、有源器件、机电器件三大类。

1. 无源器件

- 电阻器：厚膜电阻器、薄膜电阻器、热敏器件、电位器等。
- 电容器：多层陶瓷电容器、有机薄膜电容器、云母电容器、片式钽电容器等。
- 电感器：多层电感器、线绕电感器、片式变压器等。
- 复合器件：电阻网络、电容网络、滤波器等。

2. 有源器件

- 分立组件：二极管、晶体管、晶体振荡器等。
- 集成电路：片式集成电路、大规模集成电路等。

3. 机电器件

- 开关、继电器：纽子开关、轻触开关、簧片继电器等。
- 连接器：片式跨接线、圆柱形跨接线、接插件连接器等。
- 微电机：微型电机等。

三、常用的电子元器件单位及换算

元件的标准误差代码表如表 3 – 1 所示（其中 B、C、D 仅用来表示电容元件的误差。

表 3 – 1　元件的标准误差代码

符号	误差	应用范围	符号	误差	应用范围
A			M	±20%	
B	±0.10 pF		G	±2.0%	
C	±0.25 pF	10 pF 或以下	J	±5%	
D	±0.5 pF		P	+100%，-0	
F	±1.0%		S	+50%，-20%	
K	±10%		Z	+80%，-20%	

元件尺寸有公制（单位为毫米）和英制（单位为英寸）两种尺寸代码，由 4 位数字组成，前两位数字表示元件的长度，后两位数字表示元件的宽度，如表 3 – 2 所示。

表 3 – 2　元件尺寸

英制代码	0402	0603	0805	1206	1210	2010	2512
公制代码	1005	1608	2012	3216	3225	5025	6432
实际尺寸/mm	1.0×0.5	1.6×0.8	2.0×1.2	3.2×1.6	3.2×2.5	5.0×2.5	6.4×3.2

注：1 英寸 = 25.4 mm

3.1.2　SMT 元器件的分类识别

贴片元件由于体积小、自感系数小、安装容易（底板不需要打孔），因而被广泛采用。但由于体积小，故型号或数值不可能完全标出，只能用代码表示。下面简要介绍几种贴片元件的识别方法。

一、片式无源元件（SMC）

无源元件的表面组装情况要简单一些。SMC 包括片状电阻器、电容器、滤波器和陶瓷振荡器等。单片陶瓷电容、钽电容和厚膜电阻器为主要的无源元件，一般呈方形或圆柱形，这些表面组装形式已获得广泛应用。因为当它们安装在基板的上部时，只占一半空间；当它们安装在基板的底部时，如双面混合组装型 SMT 电路板，则占用了原来根本就不用的空间。这些元件的质量大约为引脚器件的1/10。

从电子元器件的功能特性来说，SMC 特性参数的数值系列与传统元件的差别不大，标准的表称数值有 E6，E12，E24 等。长方体 SMC 根据其外形尺寸的大小划分成几个系列型号，现有两种表示方法，欧美产品大多采用英制系列，日本产品采用公制系列，我国两种系列都在使用。

1. 电阻器

（1）片状电阻（见图 3-2）。

电阻用字母 R 表示，单位为 Ω（欧姆），没有极性。规格有公制和英制两种表示方法（1 inch = 25.4 mm）。

公制表示法：1206　0805　0603　0402

英制表示法：3216　2125　1608　1005

规格含义：指零件的长度与宽度，如 0603 规格。

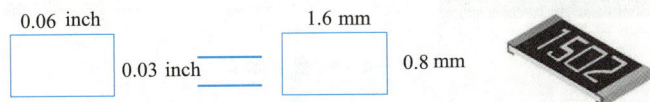

图 3-2　片状电阻

电阻又分为一般电阻与精密电阻两类，其主要区别为零件误差值及零件表面的表示码位数不同。

①一般电阻：误差值为 ±5%；其表示码为三码，如 102，如图 3-3 所示。

阻值计算方法：第一、二位表示乘值，第三位表示乘数（即 10 的几次幂，即在 1 后面加几个零），如图 3-4 所示。在电阻表面上有 3 位数字，为普通电阻，误差值一般为 ±5%。

图 3-3　一般电阻

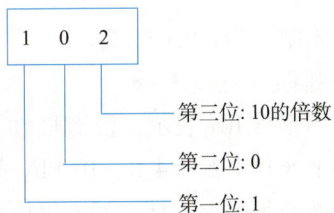

图 3-4　一般电阻表示
码阻值计算方法

该电阻阻值为：$10 \times 10^2 = 1000 \ \Omega = 1 \ \text{k}\Omega$（误差值为 ±5%）。

②精密电阻：误差值为 ±1%；其表示码为四码，如 8251，如图 3−5、图 3−6、图 3−7 所示。

阻值计算方法：第一、二、三位表示乘值，第四位表示乘数（即 10 的几次幂，即在 1 后面加几个零），在电阻表面上有 4 位数字，为精密电阻，误差值一般为 ±1%。

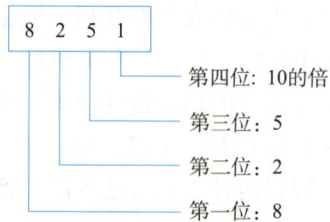

图 3−5　精密电阻 1

该电阻阻值为：$825 \times 10^1 = 8250 \ \Omega = 8.25 \ \text{k}\Omega$（误差值为 ±1%）。

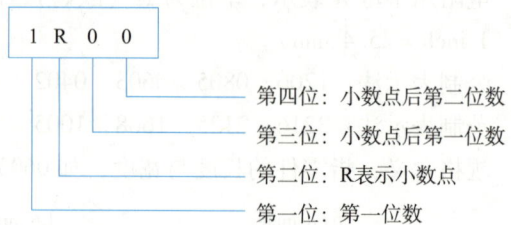

图 3−6　精密电阻 2

该电阻阻值为：1.00 Ω。

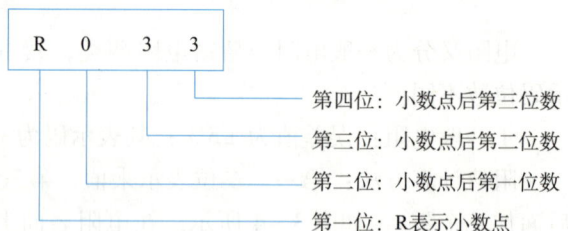

图 3−7　精密电阻 3

该电阻阻值为：0.033 Ω。

（2）排阻（见图 3−8）。

排阻用字母 RN 表示，没有极性。接点数有多种，最常见的为 8 PIN 及 10 PIN 两种。料盘上 8 PIN 表示 4 R，10 PIN 表示 5 R。阻值同一般电阻一样，以数字表示。贴片时数字面必须朝上。接点间不可以短路。

（3）柱形片式电阻器（见图 3−9）。

柱形片式电阻器的结构形状和制造方法基本上与带引脚的电阻器相同，只是去掉了原来电阻器的轴向引脚，做成无引脚形式，因而也称为金属电极无引脚面接合（Metal Electrode Leadless Face，MELF）。MELF 主要有碳膜 ERD 型、高性能金属膜 ERO 型及跨接用的 0W 电阻器 3 种，它是由传统的插装电阻器改型而来的。

图 3-8　排阻

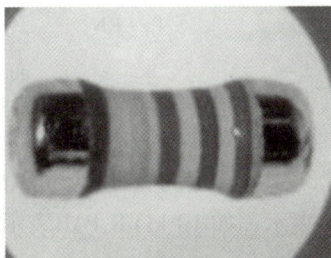

图 3-9　柱形片式电阻器

（4）电位器和可变电阻器（见图 3-10）。

表面组装电位器又称片式电位器，包括片状、圆柱状、扁平矩形结构等各类电位器。它在电路中起调节电路电压和电路电流的作用，故分别称为分压式电位器和可变电阻器。

例 3-1　如图 3-11 所示，写出下列一般电阻的阻值。

（5）电阻在 PCB 上的标识，如图 3-12 所示。

图 3-10　电位器

图 3-11　读写电阻值

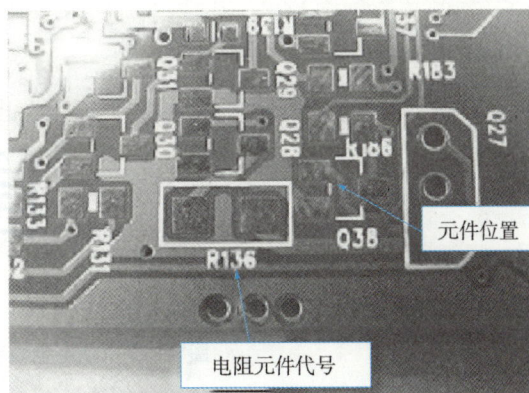

图 3-12　电阻在 PCB 上的标识

排阻是由若干个电阻组合，它有多个脚，有 A 型（RN）和 B 型（RP）两种，如图 3-13 所示。

● A 型（RN）：有一个公共端，其他各引脚与公共脚之间的电阻为 R。

● B 型（RP）相邻两脚的电阻为 R，由若干个电阻组合，它有多个脚。

识别方法与电阻相同，如"330"为 33 Ω 排阻。

RN 型是有方向的，有圆点一脚为公共脚。

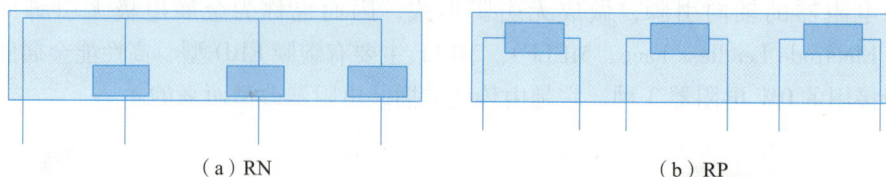

（a）RN   （b）RP

图 3 – 13 排阻的类型

RP 型没有公共脚。

如图 3 – 14 所示为排阻。SMD 型排阻通常用 RP ∗∗ 表示，如 10 kΩ 8 P4R表示 8 个脚由 4 个独立电阻组成，阻值为 10 kΩ 的排阻。

2. 电容器

电容器的基本结构十分简单，它是由两块平行金属极板以及极板之间的绝缘电介质组成的。电容器极板上每单位电压能够存储的电荷数量称为电容器的电容，通常用大写字母 C 标识。电容器每单位电压能够存储的电荷越多，其容量越大，即 $C = Q/V$。

图 3 – 14 排阻丝印 820

（1）瓷介质电容器（见图 3 – 15）。

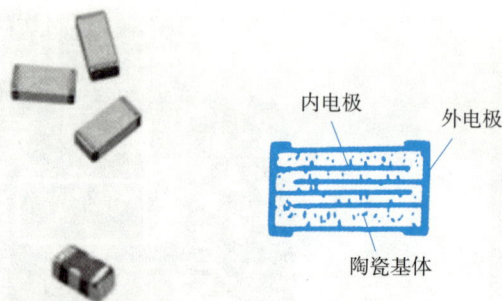

内电极 外电极

陶瓷基体

图 3 – 15 陶瓷电容器及其结构

瓷介质电容器外观主体一般呈灰黄色，为陶瓷基体，端电极结构（镀层）与片状电阻为陶瓷基体，端电极结构（镀层）与片状电阻的结构一样，内部电极层数由电容值决定，一般有 10 多层。片状电容器的电容量没有标识在元件体上，只标识在 PASS 纸上，也可以用仪器测量。因此，SMT 的片状电容极易混乱，外观上极难辨认，需用较精密的仪器量度区分。因构造尺寸问题，片状电容容量不会太大，

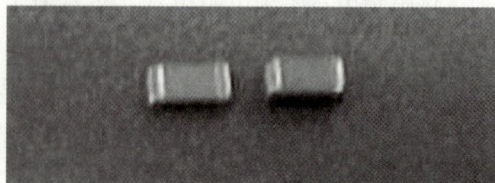

图 3 – 16 片状电容

通常会小于 1 μF，如图 3 – 16 所示。

片状电容的尺寸与片状电阻的尺寸相似，有 0603，0805，1210，1206，如图 3 – 17 所示。

图 3 – 17 片状电容和片状电阻的尺寸

片状电容与片状电阻外形的区别如图 3 – 18 所示。

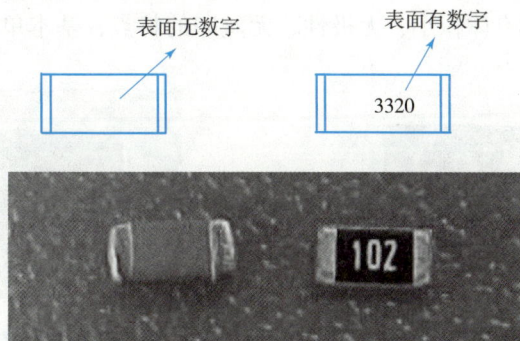

图 3 – 18 片状电容和片状电阻的区别

（2）电解电容器。

SMT 电解电容器主要是圆柱形铝电解电容，其跟一般手插的电解电容比较，具有体积小、电容量大等特点。零件上也标有零件值和耐压值，通常 SIZE 越大，电容值越大。

电解电容器有极性，黑色记号边为负极。外观及内部结构如图 3 – 19 所示。

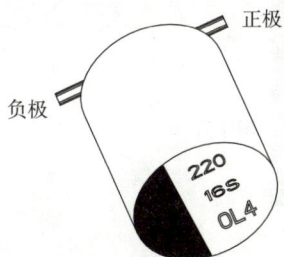

（a）电解电容外形示意图 　　（b）铝电解电容结构示意图

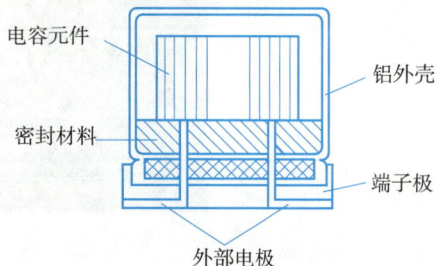

（c）电解电容实物图

图 3-19　电解电容结构

（3）电容的识别。

贴片电容包括：贴片钽电容、贴片瓷片电容、纸多层贴片电容、贴片电解电容。

①贴片钽电容是具有极性的，丝印上标明了电容值为 6.8 μF 和耐压值 25 V，如图 3-20 所示。

②贴片瓷片电容具有体积小、无极性、无丝印的特点，基本单位是 pF，如图 3-21 所示。

图 3-20　贴片钽电容

图 3-21　贴片瓷片电容

③贴片电解电容，丝印印有容量、耐压和极性标识，其基本单位为 μF，如图 3-22 所示。

图 3-22　贴片电解电容

3. 电感器

片式电感器也称表面贴装电感器，它与其他片式元器件（SMC 及 SMD）一样，是适用于表面贴装技术（SMT）的新一代无引线或短引线微型电子元件，其引出端的焊接面在同一平面上。

（1）片式电感器的种类。

从制造工艺来分，片式电感器主要有 4 种类型，即绕线型、叠层型、编织型和薄膜片式电感器。常用的是绕线式和叠层式两种类型。前者是传统绕线电感器小型化的产物；后者则采用多层印刷技术和叠层生产工艺制作，体积比绕线型片式电感器还要小，是电感元件领域重点开发的产品，如图 3－23 所示。

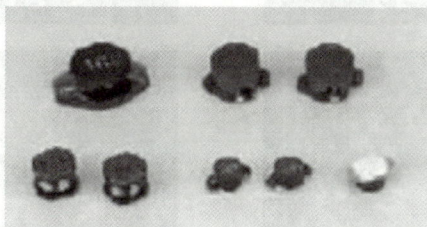

图 3－23　电源电路用 SMD 电感器

（2）电感元件的识别。

①贴片叠层电感：外观上与贴片电容的区别很小，区分的方法是贴片电容有多种颜色，如褐色、灰色、紫色等，而贴片电感只有黑色一种。基本单位为 nH，如图 3－24 所示。

图 3－25（a）中电感的丝印为 100，读取其元件电感值：第一、二位 10 × 第三位 0 的个数 = 10 × 1 = 10 μH。

图 3－25（b）中电感的丝印为红红红，读取元件电感值：第一、二位 22 × 第三位 10^2 = 22 × 100 = 2 200 nH = 2.2 μH。

图 3－24　贴片叠层电感

（a）　　　　　　　　　　　　（b）

图 3－25　电感图

③贴片极性电感在 PCB 上的标识，如图 3 – 26 所示。

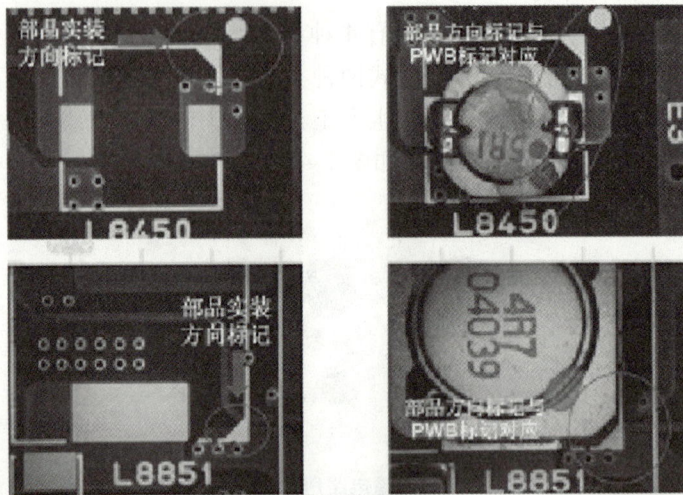

图 3 – 26　贴片极性电感在 PCB 上的标识

随堂练习

（1）读出下列器件上的数据。

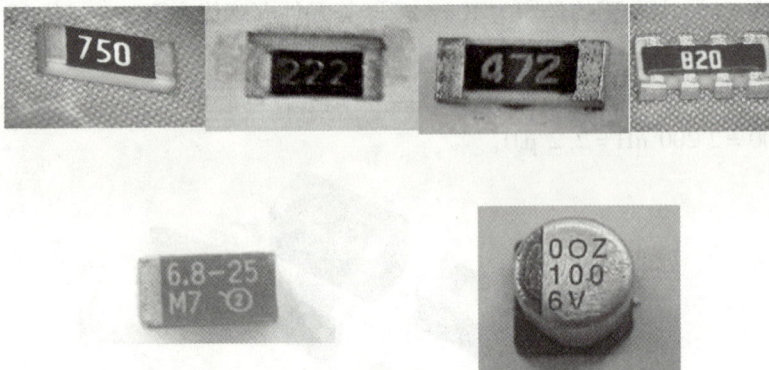

（2）电容和电感的区别方法是什么？

（3）PTH，SMC，SMD 的含义分别是什么？

二、有源器件（SMD）

SMD 包括分立器件中的二极管、晶体管、场效应管，集成电路的小规模、中规模、大规模、超大规模、甚大规模集成电路及各种半导体器件。

1. 二极管

二极管常见的有圆柱形无引线二极管（D）、片状发光二极管（LED）和复合二极管（分三只脚复合二极管和整流桥）。另外，二极管有正负极性之分，不同型号的二极管在电路中作用不一样，又因在元件体上一般没有标识或者很难看出其型号，所以要注意结合资料区分。

二极管的常见形式如下：

（1）圆柱形无引线二极管（图3-27）。有颜色的一端为负极，另一端为正极，如图3-28所示。

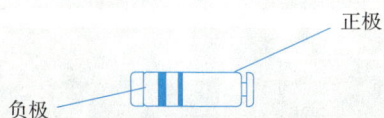

图3-27　圆柱形无引线二极管结构

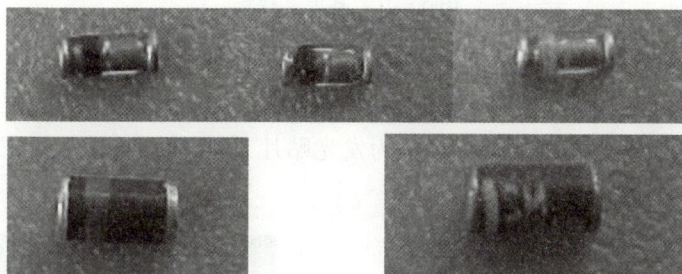

图3-28　圆柱形无引线二极管

（2）双二极管，如图3-29所示。

图3-29　双二极管

（3）复合二极管（整流桥堆），如图3-30所示。

图3-30　复合二极管

（4）其他二极管，如图 3 – 31 所示。

图 3 – 31　其他二极管

- 普通二极管的负极是有颜色标定的，一般为白色、红色或黑色。
- 发光二极管是用引脚长短标示，短的为负极。

对于发光二极管来说，DS××××为发光贴片二极管在 PCB 上标记。板上加粗的一端对应正极，如图 3 – 32 所示。

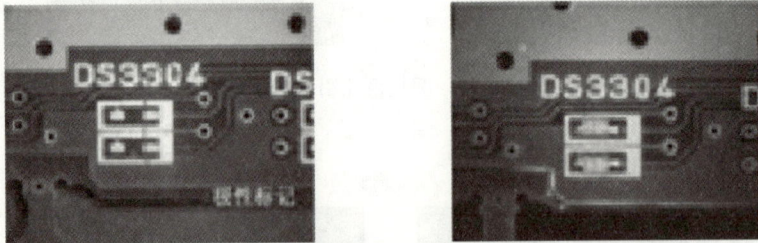

图 3 – 32　发光二极管

对于普通二极管来说，PCB 上加粗的一端对应负极，如图 3 – 33 所示。

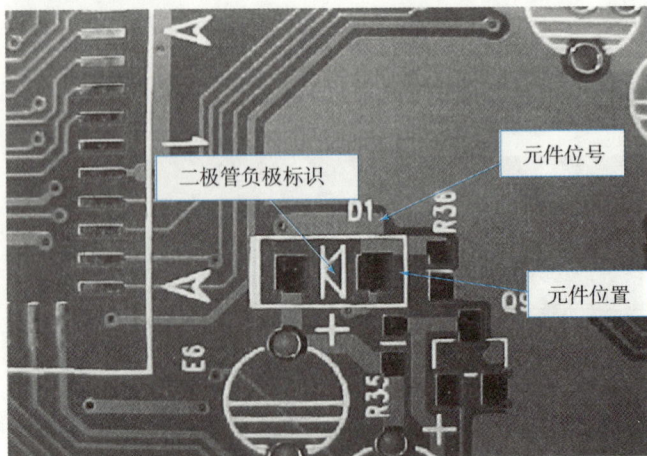

图 3 – 33　普通二极管

2. SMT 三极管

晶体三极管是半导体基本元器件之一，具有电流放大作用，是电子电路的核心组件。三极管是在一块半导体基板上制作两个相距很近的 PN 结，两个 PN 结把整块半导体分成三部分，中间部分是基区，两侧部分是发射区和集电区，排列方式有 PNP 和 NPN 两种。

SMT 三极管的特点与双二极管外形相似，其封装也叫 SOT。从外形和元件上一些标识是不能够区分三极管和双二极管的，必须结合 PASS 纸 BOM 表等相关资料来区分，一定要看清楚元件上标识。

小外形塑封晶体管（Small Outline Transistor, SOT），又称作微型片式晶体管，它作为最先问世的表面组装有源器件之一，通常是一种三端或四端器件，主要用于混合式集成电路中，被组装在陶瓷基板上。近年来，已大量用于环氧纤维基板的组装。小外形晶体管主要包括 SOT23，SOT89 和 SOT143 等，如图 3 – 34 所示。

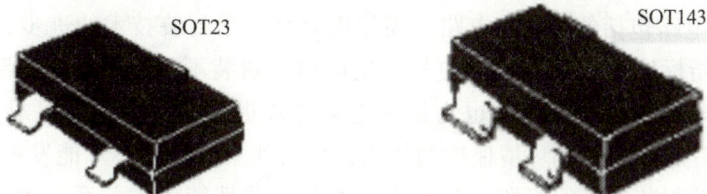

图 3 – 34　SMT 三极管

3. 晶振

（1）晶振是一种通过一定电压激励产生固定频率的一种电子元器件，被广泛用于家电仪器和计算机。

（2）晶振分为无源晶振和有源晶振。

无源晶振一般只有两只引脚；有源晶振一般为四只引脚，并且在插机时对相应脚位有严格的要求，如果插反方向会将晶振损坏，如图 3 – 35 所示。

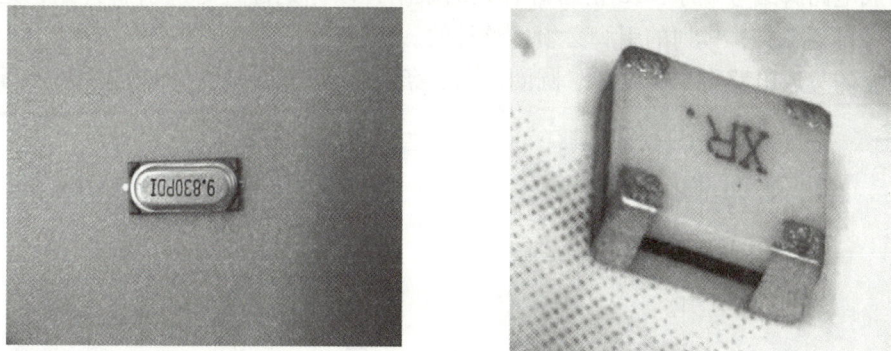

图 3 – 35　晶振

（3）晶振在 PCB 板上的标识，如图 3 – 36 所示。

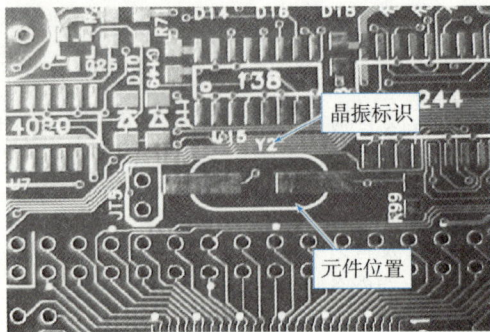

图 3 – 36 晶振在 PCB 板上的标识

3. SMD 集成电路

集成电路简称 IC，在电路上常用 IC 或 U 来表示，一个 IC 相当于由几个至几千个，甚至几万个元件组成，可以使整个产品体积越来越小，功能越来越强大。

SMD 集成电路包括各种数字电路和模拟电路。由于封装技术的进步，SMD 集成电路的电气性能指标比 THT 集成电路更好。集成电路封装不仅起到集成电路芯片内键合点与外部进行电气连接的作用，也为集成电路芯片提供了一个稳定可靠的工作环境，对集成电路芯片起到机械和环境保护的作用，从而使集成电路芯片能发挥正常的功能。总之，集成电路封装质量的好坏，对集成电路总体的性能优劣关系很大。因此，封装应具有较强的力学性能、良好的电气性能、散热性能和化学稳定性，如图 3 – 37 所示。

图 3 – 37 SMD 集成电路的外观

集成电路脚编号顺序：IC 正面对着人的眼睛，以标记位置对应引脚开始，逆时针方向顺序排列引脚，排列的引脚必须是整排的。

常见的集成电路有半圆缺口、圆圈凹面、条纹、三角缺口的，如图 3 – 38 所示。

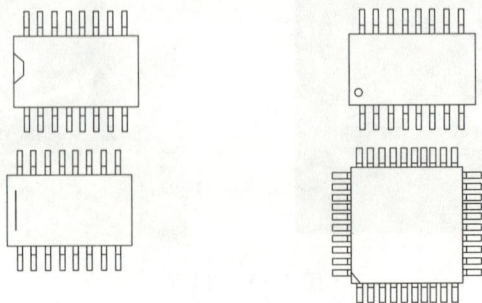

图 3 – 38 集成电路的分类

（1）集成电路的引脚封装与引脚识别。常见的封装有扁平封装、双列直插封装、单列直插封装、三端塑料封装等。SMT 主要为扁平封装。

（2）集成电路的引脚序号。将集成电路的方向标记置左边，标记左下方的第一脚为 1 号脚，其他脚按逆时针方向顺序为 2 脚、3 脚、4 脚……标记一般为缺口、缺角（SIP 时）、小圆点等（见图 3 – 39）。

图 3 – 39　集成电路的引脚序号

（3）集成电路型号。同一编码器件，型号不唯一，主要是由于厂家不同，其料面的型号不同。多数器件本体字面同时存在厂家名称（字符形式）、型号、批次等，所以判断型号时要注意方法。器件料面字符辨识，如图 3 – 40 所示。

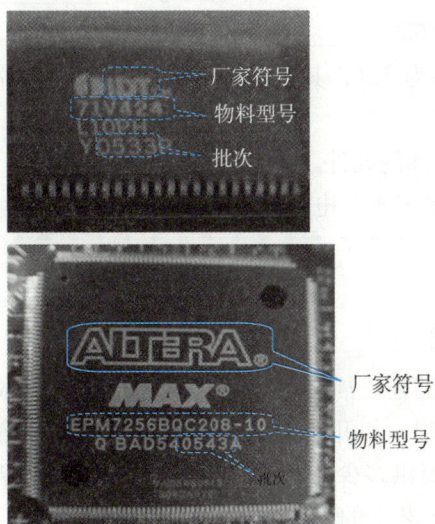

图 3 – 40　集成电路型号

随堂练习

1. 火眼金睛

认一认、说一说图 3-41 中各种集成电路的型号和使用范围。

图 3-41 各种集成电路型号

2. 巩固训练

（1）指出图 3-42 中 PCB 上的二极管的极性。

（2）说出 7 种器件在 PCB 上的代号。

（3）常用的电子元件有____、____、____、____、____。

（4）写出以下元件的电子学符号标识：集成电路____、晶振____、开关____、插座____、电感____、三极管____和____。

图 3-42 二极管

（5）贴片电容分为_____、_____、_____、_____。

（6）IC 按封装形式可分为_____、_____、_____、_____。

（7）贴片电阻的丝印为 542，其电阻值是_____。1562 的电阻值是_____。330 的电阻值是_____。

（8）贴片电感丝印为 221，其感量应是_____。贴片电感丝印为绿紫红，其感量应是_____。

（9）晶振是没有极性的元件。（   ）

（10）容量相同的情况下，电容误差小的可以代替误差大的。（   ）

四、机电器件

1. SMT 开关和继电器

许多 SMT 开关和继电器还是插装设计，只不过将其引线做成表面组装形式。产品设计主要受物理条件的限制，如开关调节器的尺寸或通过接触点的额定电流。因此，SMT 与插装相比，并没有提供多少特有的优越性。进行这种转变的主要动机是为了与电路板上的其他元件保持工艺上的兼容性，如图 3-43 所示。

（a）表贴高频继电器　　　　　　　　　　（b）表贴开关

图 3-43　SMT 开关和继电器

2. 接插件

印制电路边缘的接插件集中体现了机电元件由通孔插装向表面插装转变中的各种技术问题。这类元件往往大而笨重，难以实现自动化。它们必须经得住反复插拔而无机械损伤的考验，在很多情况下，它们还要作为 PCB 的机械支撑。这些问题的解决象征着所有机电元件的发展方向，如图 3-44 所示。

（a）立式接插件　　　　　　　　　　（b）侧卧式接插件

图 3-44　表面贴装接插件

3. IC 插座

集成电路插座有很多种用途。在工程开发中，插座允许 IC 迅速更换，这样就能够评价含有大量元器件的电路性能。在生产中，它们往往用于常规的 ROM 芯片或 ASIC。ASIC 必须根据用户严格要求的技术条件专门制作。当 IC 必须随时迅速定期更换时，IC 插座是比较理想的器件，如图 3-45 所示。

（a）PLCC插座　　　　　　　　　　（b）CUP（BGA）插座

图 3-45　IC 插座

4. 连接器

为保证电子机械元件的发展与电子设备的发展速度同步，需要对元件性能和结构方面加以改进。根据目前发展趋势，要求连接器适应高密度组装。用于高密度组装的连接器与常用的连接器相比，在作用和性能方面要加以改进。实践证明，仅实现连接器小型化已不足以满足高密度组装的要求。

以前在 PCB 上进行高密度组装时，对连接器的主要要求是小型化。现在不仅要小型化，而且还要满足结构及功能上的要求。连接器要满足小型化，插针中心距必须变窄，以增加单位面积插针数。与传统的中心距为 2.54 mm 的连接器相比，最新的高密度组装连接器中心距为 1.27 mm。在许多情况下，连接器插针中心距与 PCB 的设计密切相关，必须满足一定的电路设计要求，如图 3-46 所示。

图 3-46 表贴连接器

常见元件方向判定。

1. 电阻、电容类

对于无极性的电阻和电容来说，在 PCB 板上贴装无方向，如图 3-47 所示。但对于有极性的电容，如钽电容来说，钽电容竖条表示钽电容的正极。注意：钽电容的表示方法与二极管相反，或用钽电容有突出尖角的一端为正极，如图 3-48 所示。

图 3-47 电阻电容

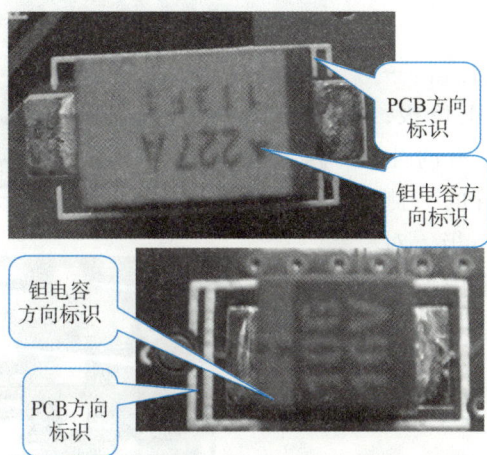

图 3-48　钽电容

2. 电感类

对于电感来说，两只脚的多为无极性电感，贴装无方向，多只脚的一般为变压器，均有极性，PCB 板上均有方向性，如图 3-49 所示。

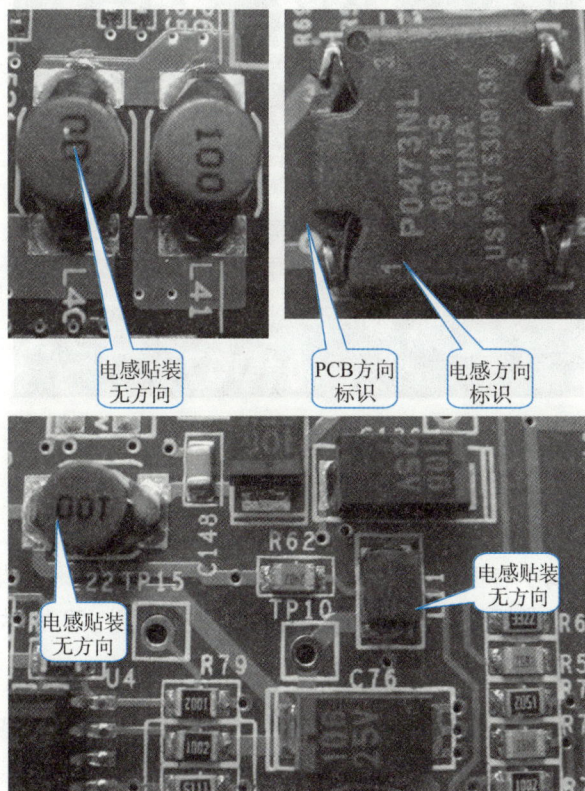

图 3-49　电感

3. 二极管类

对于发光二极管而言，一般采用长短脚来表示正负极，长脚为正，短脚为负。有时生产厂家会在发光二极管的一侧切去一点，用来表示负极。对于普通二极管而言，采用丝印或染色玻璃表示正负极性，如图 3 - 50 所示。

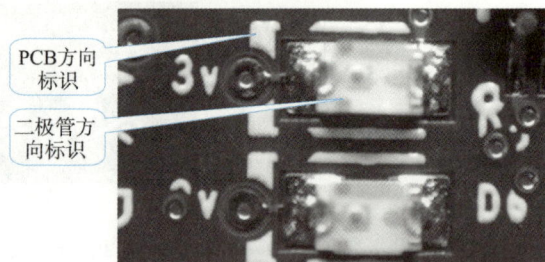

4. 三极管类

对于贴片三极管来说，一边一只脚，另一边两只脚，与 PCB 板上丝印相同方向贴装即可，如图 3 - 51 所示。

二极管方向标识

PCB 方向标识

PCB 方向标识

二极管方向标识

图 3 - 50　二极管

三极管一边一只脚，一边两只脚

图 3 - 51　三极管

5. 晶振类

对于晶振来说，属于有极性元件。其外形像一块方砖有四只引脚外壳用金属封装。晶振缺口为晶振方向，晶振左下角第一脚是起始脚，如图 3 - 52 所示。

6. 集成电路类

集成电路块有极性，表面有小槽口或圆点等表示方向，插错方向会使集成块烧坏，使用时封装方向标识对应线路板相应位置的方向标识。有些 IC 如图 3 - 53 所示只有凹槽，但 PCB 丝印有一白点是要求了第一脚，则贴装时凹槽左边为第一脚要对准至白点。有的 IC 本体无第一脚标示，判断其第一脚应把 IC 的丝印正面朝上（即字符正置）左下角第一只脚即为此 IC 的第一只脚，然后对准至 PCB 的第一只脚即可。

图 3 - 52　晶振

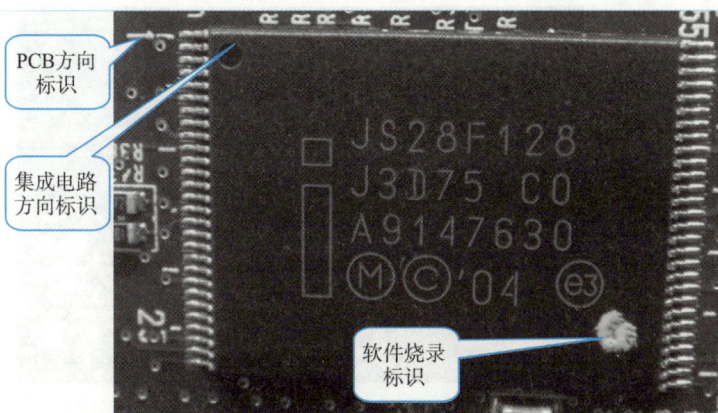

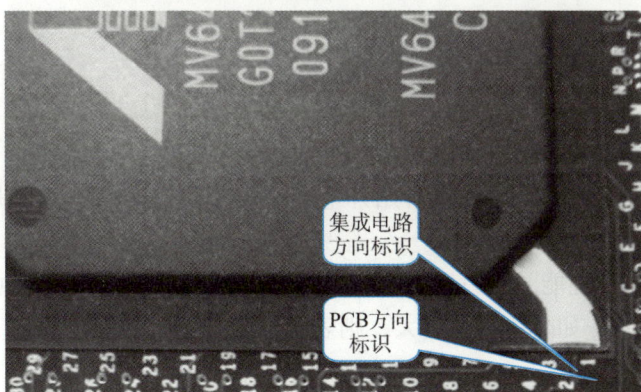

图 3 - 53　集成电路

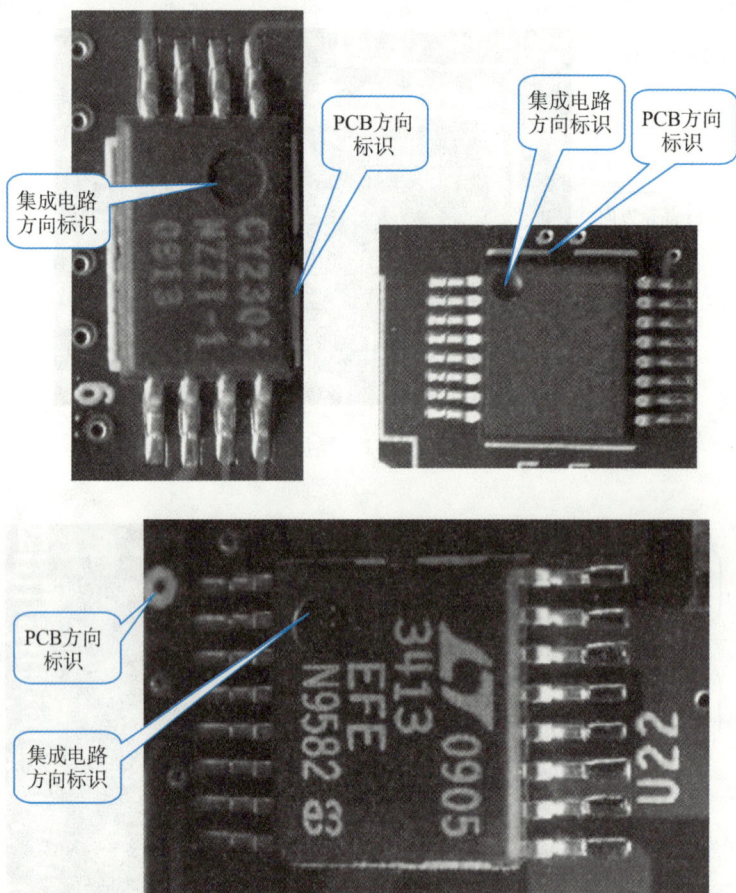

图 3-53 集成电路（续）

3.1.3 SMT 常用元件测量

一、贴片电阻测量

（1）电阻的外观检验。主要查看贴片电阻表面是否有破裂、丝印是否清楚、引脚是否生锈等。

（2）电阻的电气性能。用万用表的欧姆挡测试电阻的两引脚（注意测试时手不可以并联在电阻两端），如阻值为无穷大，则表明电阻开路；若阻值超过其误差范围，则表明电阻变质。

二、贴片电容测量

电容的故障一般有以下几种。

（1）击穿。电容两极的绝缘电阻等于 0Ω 或很小。主要原因是由于电容的绝缘阻抗达不到要求，或者电路中电压过高。

（2）漏电。电容两极之间的阻值小于其规格要求的绝缘电阻。

（3）失效。电容没有充放电功能，主要原因可能是电容电解液干涸或极板开路。所以必须注意电容的储存环境。

（4）容量变小。若测得容量低于容量范围，则电容容量变小。

判断电容是否击穿、漏电、失效、漏液，可以利用指针式万用表进行判断。测量电容量可以采用 LCR 电桥进行测量，测量时选择 C 挡位，测试频率一般选择 1 kHz，根据电容容量大小而定。

三、贴片二极管测量

（1）发光二极管的测量。用万用表的二极管挡位测试，红表笔接正极，黑表笔接负极测试。

①万用表读数在 1.8 ~ 2.3 V（硅）之间。

②LED 指示灯会微亮。

若电压显示偏大或过量，则表示二极管内阻变大或开路；若电压显示偏小或趋于 0，则表示二极管内阻变小或击穿。

（2）片状或筒状二极管的测量。用万用表的二极管挡位测试，红表笔接正极，黑表笔接负极测试。硅管万用表读数应在 0.5 ~ 0.8 V 之间，锗管万用表读数则应在 0.1 ~ 0.3 V 之间。若电压显示偏大或过量程，则表示二极管内阻变大或开路；若显示偏小或为 0，则表明二极管内阻变小或击穿。

（3）稳压二极管的测量。稳压二极管工作于反向击穿状态，它是利用 PN 结反向击穿时的电压基本上不随电流的变化而变化的特点来达到稳压的目的的。

测试方法：用万用表的二极管挡位测试，红表笔接正极，黑表笔接负极测试。若万用表读数在 0.4 ~ 0.8 V（硅）之间，则表示稳压二极管正常；若电压显示偏大或过量程，则表示二极管内阻变大或开路；若显示偏小或为 0，则表明二极管内阻变小或击穿。

四、贴片三极管测量

（1）贴片三极管管型判断。用万用表的二极管挡位测量，首先用红表笔固定一引脚，黑表笔分别测量另外两个引脚，若测得两次都导通，且数据相近，则红表笔所测量的那个引脚为基极（b），此管为 NPN 管。相反，用万用表的黑表笔固定一引脚，红表笔分别测量另外两个引脚，若测得两次都导通，且数据相近，则黑表笔所测量的那个引脚为基极（b），此管为 PNP 管。

（2）贴片三极管极性判断。NPN 管用红表笔固定基极，黑表笔分别测量另外两个引脚，测得电压低的一引脚为集电极，测得电压高的一引脚为发射极。

（3）三极管常见不良现象判断。用万用表测量三极管的 CE 阻抗若为 0 或接近 0，则表示 CE 击穿；若测得 CE 有一定阻抗，则表示 CE 漏电；若测得 BE 结阻抗为 0，则表示 BE 击穿；若测得 BE 结不导通，则表示 BE 开路。

5. 贴片电感测量

电感线圈是由导线一圈靠一圈地绕在绝缘管上，导线彼此互相绝缘，而绝缘管可以是空心的，也可以包含铁心或磁粉心，简称电感。电感具有通低频阻高频，通直流阻交流的特性。

测试方式：采用 LCR 电桥 L 挡进行测试，选择好测试频率，用 LCR 探针测试电感两个引脚，读出读数。

3.1.4　SMT 元器件的封装和包装

封装（Package）指的是元器件本身的外形和尺寸。而包装（Packaging）是指成形的元器件为了方便储存和运送的外加包装，如图 3 – 54 所示。

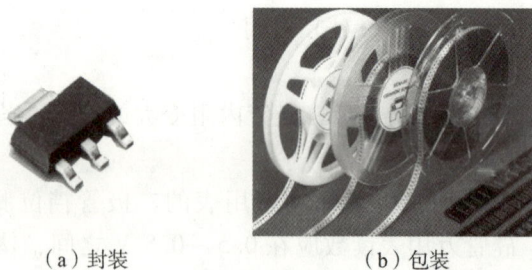

（a）封装　　　　　　（b）包装

图 3 – 54　封装和包装

了解封装和包装有助于现场的质量控制。

封装影响因素：电气性能（频率、功率等）、元件本身封装的可靠性及组装难度和可靠性。

包装影响因素：组装前的元件保护能力、贴片质量和效率及生产的物料管理。

一、包装分类

（1）带式包装。带式包装有单边孔和双边孔的。上料时注意进料角度，如图 3 – 55 所示。

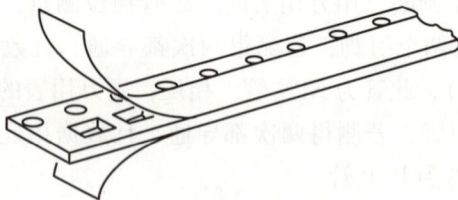

图 3 – 55　带式包装

（2）管式包装。管式包装常用在 SOIC 和 PLCC 包装上。添料时可能受人为的影响，注意方向性，如图 3 – 56 所示。

（3）盘式包装。盘式包装供体形较大或引脚较易损坏的元件使用，如 QFP 和 BGA 等器件，添料时注意方向性，如图 3 – 57 所示。

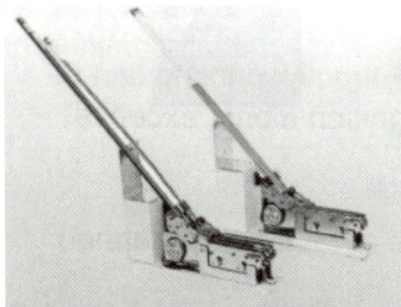

图 3 - 56　管式包装

图 3 - 57　盘式包装

二、常用器件封装介绍

1. SMC 常用元件的封装介绍

（1）阻容类器件。阻容类器件以尺寸的 4 位数编号命封装名。美国用英制，日本用公制，其他国家两种都有。此类器件易产生立碑缺陷，如图 3 - 58 所示。

（a）无接脚式　　　　　　　　　　　　　　（b）J或C接脚

图 3 - 58　阻容类器件

电阻网络采用 LCCC 式多端接点。端点间距一般为 0.8 mm 和 1.27 mm。体形采用标准矩形件，也有采用新的 SIP 不固定长度封装的。其易产生连锡和虚焊缺陷，如图 3 - 59 所示。

图 3 - 59　电阻网络

（2）电感器封装如图 3 - 60 所示。

多层式　　　　模塑式　　　　　　　线绕式

图 3 - 60　电感器封装

2. SMD 常用器件封装介绍

（1）SOT（Small Outline Transistor）。组装容易，工艺成熟。SOT23 封装最为普遍，其次是 SOT143 和 SOT223。包装形式都为带装（图 3 - 61）。

（2）SOJ（Small Out - Line J - Leaded Package）。从体形上可看成是采用 J 形引脚的 SOJ 系列，引脚数目在 16 ~ 40 之间（见图 3 - 62）。

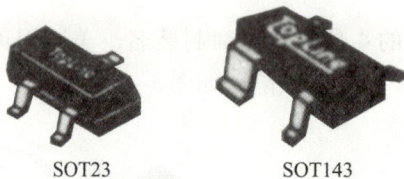

SOT23　　　　　　SOT143

图 3 - 61　SOT 封装　　　　　　　图 3 - 62　SOJ 封装

（3）SOP（Small Out - Line Package）。引脚从封装两侧引出，呈海鸥翼状（L 字形），主要有 SOP，VSOP，SSOP，TSOP。TSOP 比 SSOP 的引脚间距更小。此类器件易产生引脚变形及虚焊、连锡缺陷（见图 3 - 63）。

SOP　　　　　　　　　SSOP　　　　　　　　TSOP

图 3 - 63　SOP 封装

（4）PLCC（Plastic Leaded Chip Carrier，带引线的塑料芯片载体）。引脚一般采用 J 形设计，16 ~ 100 脚；间距采用标准 1.27 mm 式，可使用插座。此类器件易产生方向错、打翻及引脚变形缺陷（图 3 - 64）。

（5）BGA（Ball Grid Array，球形触点陈列）。拥有比 QFP 还高的组装密度，体形可能较薄。接点多为球形；常用间距有 1 mm，1.2 mm 和 1.5 mm。一般焊接点不可见，工艺规范难度较高，因无法目视检验，多借助于 5 DX 设备检测（见图 3 - 65）。

图 3 – 64　PLCC 封装　　　　　图 3 – 65　BGA 封装

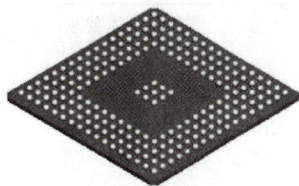

（6）QFP（Quad Flat Package，四侧引脚扁平封装）。4 边翼形引脚，间距一般为 0.3 ~ 1.0 mm；引脚数目 32 ~ 360；有方形和长方形两类，视引脚数目而定。此类器件易产生引脚变形、虚焊和连锡缺陷，贴装时也要注意方向（见图 3 – 62、图 3 – 67）。

图 3 – 66　QFP　　　　　图 3 – 67　带脚垫 QFP

任务评价

填写表 3 – 3。

表 3 – 3　SMT 元件的识别与检测评价

项目：SMT 元件的识别与检测		班级		
工作任务：SMT 元件的识别与检测		姓名		学号
任务过程评价（60 分）				
序号	项目及技术要求	评分标准	分值	成绩
1	工具的使用	能按照操作规程进行操作	10	
2	SMT 电阻、电容元件的识别与检测	能正确识别电阻和电容，并能正确检测质量，判断极性	30	
3	SMT 电感、晶体管元件的识别与检测	能正确识别电感和晶体管，并能正确检测质量	30	
4	SMT 集成元件的识别与检测	能正确识别集成元件，并能正确检测质量	20	
5	实训结果	是否达到实训目的和要求	10	
	以上内容学生自评	总分 ×30%	得分	

续表

序号	项目及技术要求	评分标准	分值	成绩
6	由同一小组同学互评	协作能力，团队精神	30	
7		遵守实训纪律	20	
8		安全、质量与责任心	30	
9		工具及仪器整理、清洁卫生	20	
	总分×30%		得分	
指导教师总评	由指导教师结合自评、互评进行综合评定给分	总得分＝自评＋互评＋指导教师评分		
		教师签字：	年　月　日	

任务二　SMT 生产辅助材料的选择和管理

任务描述

在 SMT 生产中，通常将贴片胶、锡膏、钢网称为 SMT 辅助材料。这些辅助材料在 SMT 整个过程中，对 SMT 的品质、生产效率起着至关重要的作用。因此，作为 SMT 工作人员，必须了解它们的某些性能并学会正确使用它们。

任务分析

在 SMT 生产中，我们将贴片胶、锡膏、钢网称为辅助材料，但其重要性却不能忽视。辅料的选择恰当与否直接对表面组装生产结果产生影响。针对不同类型的 PCB、不同的工艺方案，所用辅料可能会有很大差别。另外，同一类型的两种辅料，其某一性能指标的微小差别有时可能会对整个生产工艺产生重大影响。因此作为 SMT 工作人员，必须了解它们的某些性能并学会正确使用它们。

必备知识

3.2.1　常用术语

- 贮存期：在规定条件下，材料或产品仍能满足技术要求并保持适当使用性能的存放时间。
- 放置时间：贴片胶、焊膏在使用前暴露于规定环境中仍能保持规定化学、物理性能的最长时间。
- 黏度：贴片胶、焊膏在自然滴落时的滴延性的胶黏性质。

- 触变性：贴片胶与锡膏在施压挤出时具有流体的特性与挤出后迅速恢复为具有固塑性的特性。
- 塌落：焊膏印刷后在重力和表面张力的作用下及温度升高或停放时间过长等原因而引起的高度降低、底面积超出规定边界的坍流现象。
- 扩散：贴片胶点胶后在室温条件下展开的距离。
- 黏附性：焊膏对元器件黏附力的大小及其随焊膏印刷后存放时间变化其黏附力所发生的变化。
- 润湿：熔融的焊料在铜表面形成均匀、平滑和不断裂的焊料薄层的状态。
- 免清洗焊膏：焊后只含微量无害焊剂残留物而无须清洗 PCB 的焊膏
- 低温焊膏：熔化温度比 183 ℃低 20 ℃以上的焊膏。

3.2.2　SMT 生产辅料

一、贴片胶（红胶）

SMT 中使用的贴片胶，其作用是固定片式元件、SOT、SOIC 等表面安装器件在 PCB 上，以使其在过波峰焊过程避免元器件的脱落或移位。

贴片胶可分为两大类型，即环氧树脂和丙烯酸型。一般生产中采用环氧树脂热固化类胶水（如乐泰 3609 红胶），其特点如下：

- 热固化速度快；
- 接连强度高；
- 电特性较佳。

（1）SMT 对贴片胶水的基本要求如下：

- 包装内无杂质及气泡；
- 贮存期限长；
- 可用于高速或超高速点胶机；
- 胶点形状及体积一致；
- 点断面高，无拉丝；
- 颜色易识别，便于人工及自动化机器检查胶点的质量；
- 初黏力高；
- 高速固化，胶水的固化温度低，固化时间短；
- 热固化时，胶点不会下榻；
- 高强度及弹性以抵挡波峰焊时的温度突变；
- 固化后有优良的电特性；
- 无毒性；
- 具有良好的返修特性。

（2）贴片胶引起的生产品质问题如下：

- 失件（有无贴片胶痕迹）；

● 元件偏斜；

● 接触不良（拉丝、太多贴片胶）。

（3）贴片胶使用规范如下：

● 贮存：胶水领取后应登记到达时间、失效期、型号，并为每瓶胶水编号。然后把胶水保存在恒温、恒湿的冰箱内，温度在 1 ~ 10 ℃ 之间。

● 取用：胶水使用时，应做到先进先出的原则，应至少提前 1 小时从冰箱中取出，写下时间、编号、使用者、应用的产品，并密封置于室温下，待胶水达到室温时，按一天的使用量把胶水用注胶枪分别注入点胶瓶里。注胶水时，应小心和缓慢地注入点胶瓶，防止空气泡的产生。

● 使用：把装好胶水的点胶瓶重新放入冰箱，生产时提前 0.5 ~ 2.0 小时从冰箱取出，标明取出时间、日期、瓶号，填写胶水（锡膏）解冻、使用时间记录表，使用完的胶水瓶用酒精或丙酮清洗干净放好，以备下次使用，未使用完的胶水，标明时间放入冰箱内存放。

二、锡膏

由焊膏产生的缺陷占 SMT 中缺陷的 60% ~ 70%，所以规范合理使用焊膏显得尤为重要。

在表面组装件的回流焊中，焊膏被用来实施表面组装元器件的引线或端点与印制板上焊盘的连接。

焊膏是由合金焊料粉、焊剂和一些添加剂混合而成的，其具有一定黏性和良好触变性的一种均质混合物，具有良好的印刷性能和回流焊性能，并在贮存时具有稳定性的膏状体，如图 3 - 68 所示。

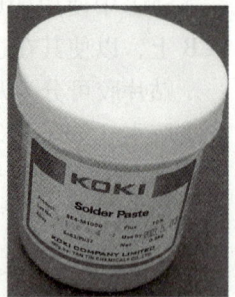

图 3 - 68　焊膏

合金焊料粉是焊膏的主要成分，约占焊膏重量的 85% ~ 90%。常用的合金焊料粉有锡 - 铅（Sn - Pb）、锡 - 铅 - 银（Sn - Pb - Ag）、锡 - 铅 - 铋（Sn - Pb - Bi）等，最常用的合金成分为 $Sn_{63}Pb_{37}$。

合金焊料粉的形状可分为球形和椭圆形（无定形），其形状、粒度大小影响表面氧化度和流动性，因此，对焊膏的性能影响很大。

一般由印刷钢板或网板的开口尺寸或注射器的口径来决定选择焊锡粉颗粒的大小和形状。不同的焊盘尺寸和元器件引脚应选用不同颗粒度的焊料粉，不能都选用小颗粒，因为小颗粒有大得多的表面积，使焊剂在处理表面氧化时负担加重。

在焊膏中，焊剂是合金焊料粉的载体，其主要作用是清除被焊件及合金焊料粉的表面氧化物，使焊料迅速扩散并附着在被焊金属表面。焊剂包括活性剂、成膜剂和胶黏剂、润湿剂、触变剂、溶剂和增稠剂及其他各类添加剂。

焊剂的活性：对焊剂的活性必须控制，活性剂量太少，可能因活性差而影响焊接效果，但活性剂量太多，又会引起残留量的增加，甚至使腐蚀性增强，特别是对焊剂中的卤素含量更需严格控制。

其实，根据性能要求，焊剂的重量比还可扩大至 8% ~ 20%。焊膏中焊剂的组成及含量对塌落度、黏度和触变性等影响很大。

金属含量较高（大于90%）时，可以改善焊膏的塌落度，有利于形成饱满的焊点，并且由于焊剂量相对较少，可减少焊剂残留物，有效防止焊球的出现，缺点是对印刷和焊接工艺要求较严格；金属含量较低（小于85%）时，印刷性好，焊膏不易粘刮刀，漏版寿命长，润湿性好，加工较易，缺点是易塌落，易出现焊球和桥接等缺陷。

焊膏的分类可以按以下几种方法。

按熔点的高低可分为高温焊膏和低温焊膏。高温焊膏的熔点大于250 ℃，低温焊膏的熔点小于150 ℃，常用的焊膏熔点为179～183 ℃，成分为$Sn_{63}Pb_{37}$和$Sn_{62}Pb_{36}Ag_2$。

按焊剂的活性可分为无活性（R）、中等活性（RMA）和活性（RA）焊膏。常用的为中等活性焊膏。

1. SMT 对焊膏有以下要求。

①具有较长的贮存寿命，在0～10 ℃下保存3～6个月。贮存时不会发生化学变化，也不会出现焊料粉和焊剂分离的现象，并保持其黏度和黏结性不变。

②有较长的工作寿命，在印刷或滴涂后通常要求能在常温下放置12～24小时，其性能保持不变。

③在印刷或涂布后及在回流焊预热过程中，焊膏应保持原来的形状和大小，不产生堵塞。

④良好的润湿性能。要正确选用焊剂中活性剂和润湿剂成分，以便达到润湿性能的要求。

⑤不发生焊料飞溅。这主要取决于焊膏的吸水性、焊膏中溶剂的类型、沸点和用量及焊料粉中杂质类型和含量。

⑥具有较好的焊接强度，确保不会因振动等因素出现元器件脱落。

⑦焊后残留物稳定性能好，无腐蚀，有较高的绝缘电阻，且清洗性好。

2. 焊膏的选用

主要根据工艺条件、使用要求及焊膏的性能选用。

①具有优异的保存稳定性。

②具有良好的印刷性（流动性、脱板性、连续印刷性）等。

③印刷后在长时间内对SMD持有一定的黏合性。

④焊接后能得到良好的接合状态（焊点）。

⑤其焊接成分具有高绝缘性、低腐蚀性。

⑥对焊接后的焊剂残渣有良好的清洗性，清洗后不可留有残渣成分。

3. 焊膏使用和贮存的注意事项

①领取焊膏应登记到达时间、失效期及型号，并为每罐焊膏编号。然后保存在恒温、恒湿的冰箱内，温度在2～10 ℃之间。锡膏贮存和处理推荐方法的常见数据如表3－4所示。

表 3 – 4　锡膏贮存和处理推荐方法

条件	时间	环境
装运	4 天	< 10 ℃
货架寿命（冷藏）	3 ~ 6 个月（标贴上标明）	0 ~ 5 ℃冰箱
货架寿命（室温）	5 个月	湿度：30% ~ 60% RH 温度：15 ~ 25 ℃
锡膏稳定时间 （从冰箱取出后）	8 小时	室温 湿度：30% ~ 60% RH 温度：15 ~ 25 ℃
锡膏模板寿命	4 小时	机器环境 湿度：30% ~ 60% RH 温度：15 ~ 25 ℃

②焊膏使用时，应做到先进先出的原则，应提前至少 2 小时从冰箱中取出，写下时间、编号、使用者、应用的产品，并密封置于室温下，待焊膏达到室温时打开瓶盖。如果在低温下打开，容易吸收水气，回流焊时容易产生锡珠（注意：不能把焊膏置于热风器、空调等旁边加速它的升温）。

③焊膏开封前，须使用离心式搅拌机进行搅拌，使焊膏中的各成分均匀，降低焊膏的黏度。焊膏开封后，原则上应在当天内一次用完，超过时间使用期的焊膏绝对不能使用。

④焊膏置于网板上超过 30 min 未使用时，应重新用搅拌机搅拌后再使用。若中间间隔时间较长，应将焊膏重新放回罐中，并盖紧瓶盖放于冰箱中冷藏。

⑤根据印制板的幅面及焊点的多少，决定第一次加到网板上的焊膏量。一般第一次加 200 ~ 300 g，印刷一段时间后再适当加入一点。

⑥焊膏印刷后应在 24 小时内贴装完，超过时间应把 PCB 焊膏清洗后重新印刷。

⑦焊膏印刷时间的最佳温度为 23 ℃ ± 3 ℃，温度以相对湿度 55% ± 5% 为宜。湿度过高，焊膏容易吸收水气，在回流焊时产生锡珠。

三、助焊剂

助焊剂在波峰焊中与焊料分开使用，而在回流焊中，助焊剂作为焊膏的重要组成部分。在焊膏中，焊剂是合金焊料粉的载体，其主要作用是清除被焊件以及合金焊料粉的表面氧化物，使焊料迅速扩散并附着在被焊金属表面。

表面贴装对助焊剂的要求为：熔点比焊料低，浸润扩散速度比熔化的焊料快，黏度和比重比焊料小，在常温下贮存稳定。

助焊剂的物理化学作用是：辅助热传导，去除金属表面和焊料本身的氧化物或其他污染，浸润被焊接金属的表面，覆盖在高温焊料表面，保护金属表面避免氧化和减少熔融焊料表面张力，促进焊料扩展和流动，提高焊接质量，如表 3 – 5 所示。

表3-5 助焊剂类型

助焊剂	溶剂清洗型	松香型	无活性（R）
			中等活性（RMA，AA）
			活性（RA）
			急活性（RSA）
		合成树脂	
	水清洗型	无机盐	
		有机盐	
		有机酸	
	免清洗型		

四、模板

模板又称为漏板、钢板，它是焊锡膏印刷的关键工具之一，用来定量分配焊锡膏。由于焊锡膏的印刷来源于丝网印刷技术，因此早期的焊锡膏印刷多采用丝网印刷。丝网材料有尼龙丝、真丝、聚酯丝和不锈钢丝等，可用于 SMT 焊锡膏印刷的是聚酯丝和不锈钢丝。用乳剂涂敷到丝网上，只留出印刷图形的开口网目，就制成了非接触式印刷涂敷法所用的丝网。但由于丝网制作的漏板窗口开口面积始终被丝本身占用一部分，即开口率达不到100%，不适合于焊锡膏印刷工艺，故很快被镂空的金属板所取代。

金属模板的结构如图3-69所示，常见模板的外框是铸铝框架（或铝方管焊接而成），中心是金属模板，框架与模板之间依靠张紧的丝网相连接，呈"钢—柔—钢"的结构。这种结构可以确保金属模板既平整又有弹性，使用时能紧贴 PCB 表面。铸铝框架上备有安装孔，供印刷机上装夹用。通常钢板上的图形离钢板的外边约 50 mm，以供印刷机刮刀头运行所需的空间，周边丝网的宽度为 30~40 mm。

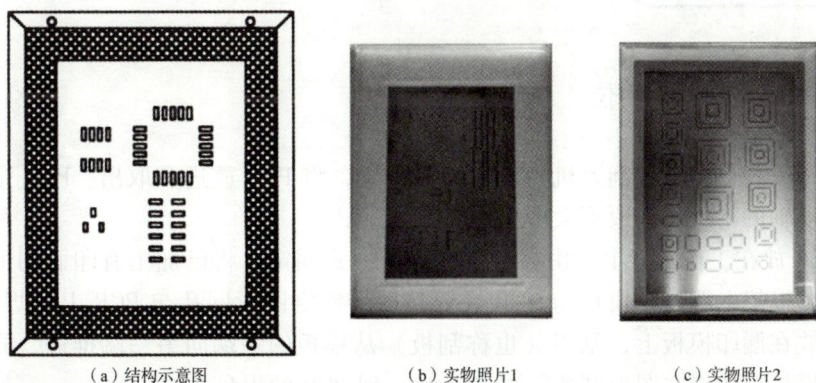

（a）结构示意图　　　　（b）实物照片1　　　　（c）实物照片2

图3-69 模板的结构

任务三　SMT 的手工印刷

任务描述

手动印刷机的各种参数与动作均需人工调节与控制，通常用于小批量生产或难度不高的产品。手动焊锡膏印刷机如图 3 - 70 所示。

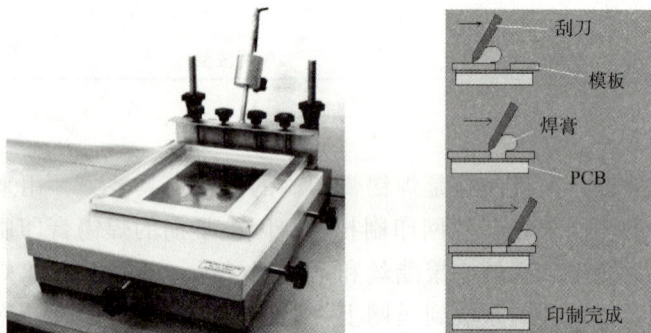

图 3 - 70　手动焊锡膏印刷机

任务分析

手工丝网印刷工艺操作简单，无须昂贵的设备即可满足网印的要求，投资少、质量好、效益高，它在网印行业中还占有相当的优势。在对于手工丝网印刷的作业前，还需要必备一些知识。

必备知识

3.3.1　放板和定位

手工印刷时，将整个刮刀机构连同模板抬起，将 PCB 放进和取出。PCB 定位精度取决于转动轴的精度，一般不太高。

将 PCB 放在工作支架上，由真空泵或机械方式固定，将已加工有印刷图形的漏印模板在金属框架上绷紧，模板与 PCB 表面接触，镂空图形网孔与 PCB 上的焊盘对准，把焊锡膏放在漏印模板上，刮刀（也称刮板）从模板的一端向另一端推进，同时压刮锡膏通过模板上的镂空图形网孔印刷（沉淀）到 PCB 的焊盘上。

3.3.2　印刷

若刮刀单向刮焊锡膏，沉积在焊盘上的焊锡膏可能会不够饱满；而刮刀双向刮焊锡膏，焊锡膏图形就比较饱满。高档的 SMT 印刷机一般有 A 和 B 两个刮刀：当刮刀从右向左移动时，刮刀 A 上升，刮刀 B 下降，刮刀 B 压刮焊锡膏；当刮刀从左向右移动时，刮刀 B 上升，刮刀 A 下降，刮刀 A 压刮焊锡膏，如图 3–71（a）所示。两次刮焊锡膏后，PCB 与模板脱离（PCB 下降或模板上升），如图 3–71（b）所示，完成焊锡膏印刷过程。图 3–71（c）描述了简易 SMT 印刷机的操作过程。

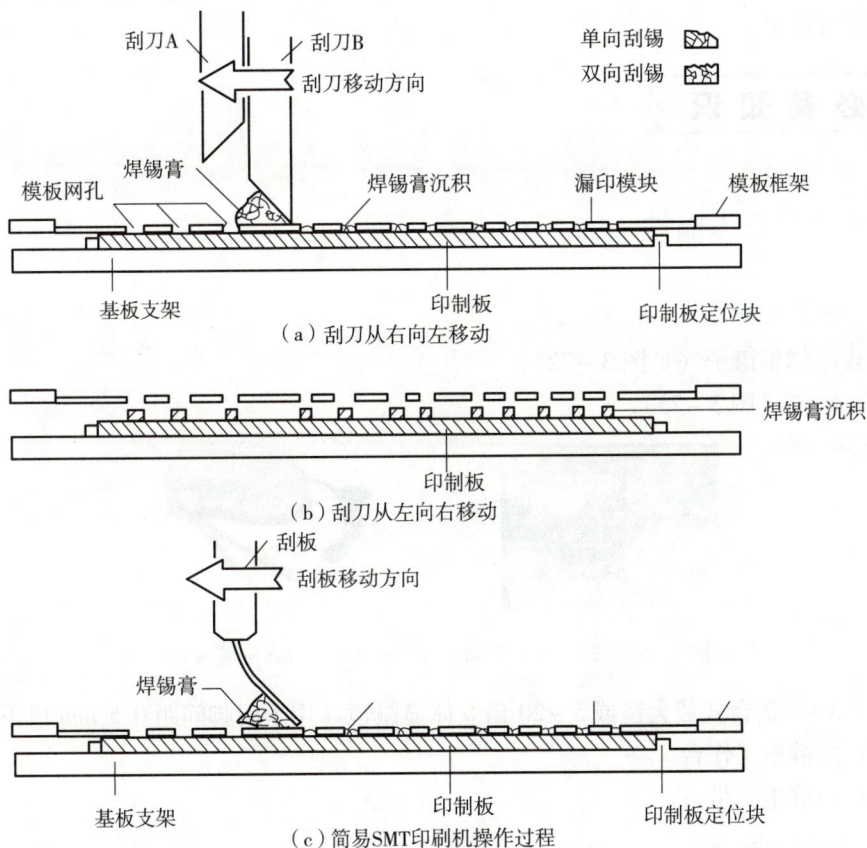

图 3–71　印刷机印刷过程

任务四　SMT 元器件的手工贴片与回流焊机回焊

任务描述

电子元器件是组成电子产品的基础，元器件知识是 SMT、QC 及其他岗位的员工必须掌握的基础知识。电子元件按安装方式可分为通孔安装与表面安装两大类。这里主要介绍表面安装的电子元器件。

任 务 分 析

SMT 产品的手工组装在这一工序就要用到手工贴片和回流焊接技术。回流焊技术在电子制造领域并不陌生，计算机内使用的各种板卡上的元件都是通过这种工艺焊接到线路板上的，这种工艺的优势是温度易于控制，焊接过程中还能避免氧化，制造成本也更容易控制。

必 备 知 识

3.4.1 手工贴片

一、手工贴装工具

（1）不锈钢镊子（见图 3 – 72）。

（2）吸笔（图 3 – 73）。

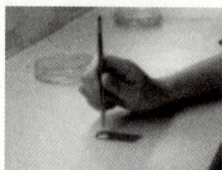

| 图 3 – 72 镊子拾取安放 | 3 – 73 真空笔吸取 |

（3）3 ~ 5 倍台式放大镜或 5 ~ 20 倍立体显微镜（用于引脚间距 0.5 mm 以下时）。

（4）防静电工作台。

（5）防静电腕带。

二、贴装顺序

（1）先贴小元件，后贴大元件。

（2）先贴矮元件，后贴高元件。

（3）先轻后重。安装过程中，先装轻型器件，后装重型器件。

（4）先例后装。安装过程中，同时采用了例接、螺接、焊接等工艺时，应先例接，然后螺接，最后焊接。

（5）先里后外。在将组合件进行整机连接时，首先从机架内的组合进行安装，然后逐步向外安装。

（6）一般按照元件的种类安排流水贴装工位。每人贴一种或几种元件；数量多的元件也可安排几个贴装工位。

（7）可在每个贴装工位后面设一个检验工位，也可以几个工位后面设一个检验工位，也可以完成贴装后整板检验。具体要根据组装板的密度进行设置。

（8）易碎后装。先装常规、普通元器件，后装易撮、易碎元件，可防止安装中的损坏。

（9）保持工作场地整洁有序，有效控制生产余料造成的危害。

（10）安装人员要有责任心，并养成良好的工作习惯。

（11）严格的操作规程、完备的保护措施、完善的防火和安全用电规章制度等是生产中不可忽视的因素。

三、手工贴装方法

（1）矩形、圆柱形片元件贴装方法。用镊子夹持元件，将元件焊端对齐两端焊盘，居中贴放在焊盘焊膏上（有极性的元件贴装方向要符合图纸要求），确认准确后用镊子轻轻锹压，使元件焊端浸入焊膏。

（2）SOT贴装方法。用镊子夹持SOT元件体，对准方向，对齐焊端，居中贴放在焊盘焊膏上，确认准确后用镊子轻轻锹压元件体，使元件引脚不小于1/2厚度浸入焊膏中，要求元件引脚全部位于焊盘上。

（3）SOP，QFP贴装方法。器件1脚或前端标志对准印制板字符前端标志，用镊子或吸笔夹持或吸取器件，对准标志，对齐两侧或四边焊盘，居中贴放，并用镊子轻轻锹压器件体顶面，使元件引脚不小于1/2厚度浸入焊膏中，要求元件引脚全部位于焊盘上。引脚间距0.65 mm以下的窄间距器件应在3～20倍显微镜下贴装。

（4）SOJ，PLCC贴装方法。贴装方法同SOP，QFP。由于SOJ，PLCC的引脚在器件四周的底部，因此对中时需要用眼睛从器件侧面与PCB成45°检查引脚与焊盘是否对齐。

四、技术要求

（1）贴装静电敏感器件必须带良好的防静电腕带，并在接地良好的防静电工作台上进行贴装。

（2）贴装方向必须符合装配图的要求。

（3）贴装位置准确，引脚与焊盘对齐，并居中，切勿贴放不准，在焊膏上拖动找正。

（4）元器件贴放后要用镊子轻轻锹压元器件体顶面，使贴装元器件焊端或引脚不小于1/2厚度浸入焊膏中。

3.4.2　用台式回流焊机进行焊接

回流焊技术所用的设备叫回流焊机，如图3-74所示，该设备的内部有一个加热电路，将空气或氮气加热到足够高的温度后吹向已经贴好元件的线路板，让元件两侧的焊料融化后与主板黏结。

- 电源电压：220 V 50 Hz。
- 额定功率：2.2 kW。
- 有效焊区尺寸：240 mm × 180 mm。
- 加热方式：远红外＋强制热风。

图 3-74 回流焊机

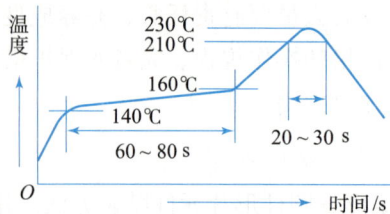

图 3-75 回流焊工艺曲线

- 工作模式：工艺曲线灵活设置，工作工程自动，如图 3-75 所示。
- 标准工艺周期：约 4 min。

任务评价

填写表 3-6。

表 3-6 SMT 手工印刷、贴片与焊接评价表

项目：SMT 手工印刷、贴片与焊接			班级			
工作任务：SMT 手工印刷、贴片与焊接			姓名		学号	
任务过程评价（60 分）						
序号	项目及技术要求	评分标准			分值	成绩
1	工具的使用	能按照操作规程进行操作			10	
2	SMT 手工印刷	能正确放板、定位及印刷			30	
3	SMT 贴片	能正确贴装元件			30	
4	SMT 回流焊接	能正确对贴装元件进行回流焊接			20	
5	实训结果	是否达到实训目的和要求			10	
	以上内容学生自评	总分 ×30%			得分	
6		协作能力，团队精神			30	
7	由同一小组同学互评	遵守实训纪律			20	
8		安全、质量与责任心			30	
9		工具及仪器整理、清洁卫生			20	
	总分 ×30%				得分	
指导教师总评	由指导教师结合自评、互评进行综合评定给分	总得分 = 自评 + 互评 + 指导教师评分				
		教师签字：			年 月 日	

实训项目　贴片式 FM 微型收音机的手工组装

本次实训的产品是 FM 微型收音机，该产品的特点如下：

（1）采用电调谐单片 FM 收音机集成电路，调谐方便、准确。

（2）接收频率为 87～108 MHz。

（3）较高的接收灵敏度。

（4）外形小巧，便于随身携带，如图 3－76 所示。

（5）电源范围为 1.8～3.5 V，充电电池（1.2 V）和一次性电池（1.5 V）均可工作。

（6）内设静噪电路，抑制调谐过程中的噪声。

实训目的

通过 SMT 实习，了解 SMT 的特点，熟悉其基本工艺过程，掌握最基本的操作技艺，学习整机的装配工艺；培养动手能力及严谨的工作作风。

实训要求

（1）了解 SMT 技术的特点和发展趋势。

（2）熟悉 SMT 技术的基本工艺过程。

（3）认识 SMT 元件。

（4）根据技术指标测试 SMT 各种元件的主要参数。

（5）掌握最基本的 SMT 操作技艺。

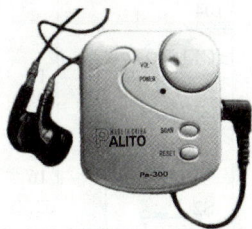

图 3－76　FM 微型收音机外观图

（6）按照技术要求进行 SMT 元件的安装、焊接。

（7）制作一台用 SMT 元件组装的实际产品（数字调谐 FM 收音机）。

实训实施条件

SMT 实训模拟车间。

实训步骤

（1）学生在领到 SMT 调频收音机元器件后，要仔细阅读组装说明书。

（2）依据 SMT 元器件明细表，结合原理图，进行 SMT 元器件的识别工作。

（3）了解 SMT 调频收音机的回流焊接工艺过程。

（4）利用回焊炉进行焊接工作。

实训内容

电路的核心是单片收音机集成电路 SC1088。它采用特殊的低中频（70 kHz）技术，外围电路省去了中频变压器和陶瓷滤波器，使电路简单可靠，调试方便。SC1088 采用 SOT16 脚封装，如图 3－77 所示。

1. FM 信号输入

如图 3－77 所示，调频信号由耳机线馈入，经 C14，C13，C15 和 L1 的输入电路进

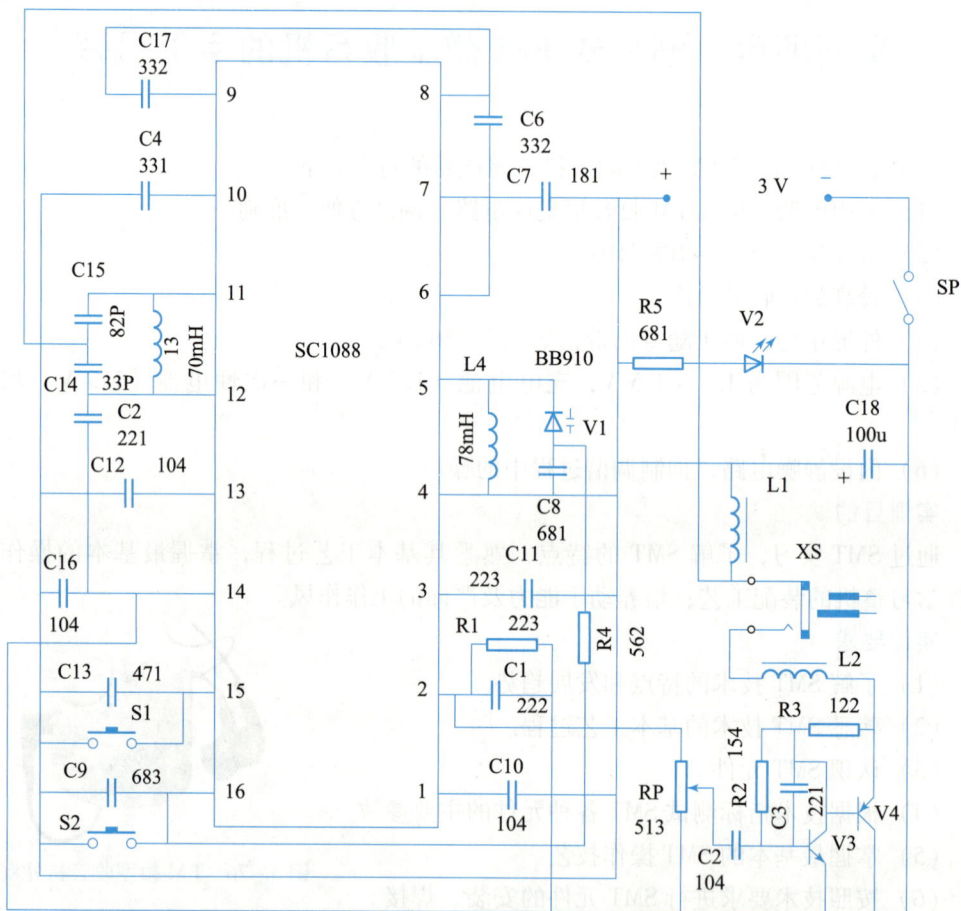

图 3-77 原理图

入 IC 的 11，12 脚混频电路。此处的 FM 信号没有调谐的调频信号，即所有调频电台信号均可进入。

2. 本振调谐电路

本振电路中关键元器件是变容二极管，它是利用 PN 结的结电容与偏压有关的特性制成的"可变电容"。

如图 3-78（a）所示，变容二极管加反向电压 U_d，其结电容 C_d 与 U_d 的特性如图 3-78（b）所示，是非线性关系。这种电压控制的可变电容广泛用于电调谐、扫频等电路。

本电路中，控制变容二极管 V1 的电压由 IC 第 16 脚给出。当按下扫描开关 S1 时，IC 内部的 RS 触发器打开恒流源，由 16 脚向电容 C9 充电，C9 两端电压不断上升，V1 电容量不断变化，由 V1，C8，L4 构成的本振电路的频率不断变化而进行调谐。当收到电台信号后，信号检测电路使 IC 内的 RS 触发器翻转，恒流源停止对 C9 充电，同时在

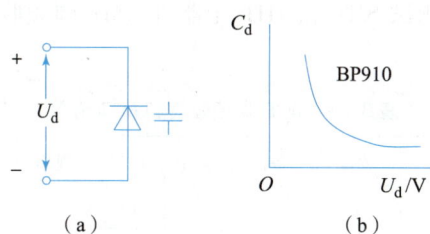

图 3 – 78　变容二极管

AFC 电路的作用下，锁住所接收的广播节目频率，从而可以稳定地接收电台广播，直到再次按下开关 S1 开始新的搜索。当按下开关 S2 时，电容 C9 放电，本振频率回到最低端。

FM 收音机集成电路 SC1088 引脚功能如表 3 – 7 所示。

表 3 – 7　FM 收音机集成电路 SC1088 引脚功能

引脚	功能	引脚	功能	引脚	功能	引脚	功能
1	静噪输出	5	本振调谐回路	9	IF 输入	13	限幅器失调电压电容
2	音频输出	6	IF 反馈	10	IF 限幅放大器的低通电容器	14	接地
3	AF 环路滤波	7	1dB 放大器的低通电容器	11	射频信号输入	15	全通滤波电容搜索调谐输入
4	V_{CC}	8	IF 输出	12	射频信号输入	16	电调挡 AFC 输出

3. 中频放大、限幅与鉴频

电路的中频放大、限幅及鉴频电路的有源器件及电阻均在 IC 内。FM 广播信号和本振电路信号在 IC 内混频器中混频产生 70 kHz 的中频信号，经内部 1 dB 放大器、中频限幅器送到鉴频器检出音频信号，经内部环路滤波后由 2 脚输出音频信号。电路中 1 脚的 C10 为静噪电容，3 脚的 C11 为 AF（音频）环路滤波电容，6 脚的 C6 为中频反馈电容，7 脚的 C7 为低通电容，8 脚与 9 脚之间的电容 C17 为中频耦合电容，10 脚的 C4 为限幅器的低通电容，13 脚的 C12 为限幅器失调电压电容，C13 为滤波电容。

4. 耳机放大电路

由于用耳机收听，所需功率很小，本机采用了简单的晶体管放大电路，2 脚输出的音频信号经电位器 RP 调节电量后，由 V3，V4 组成复合管甲类放大。R1 和 C1 组成音频输出负载，线圈 L1 和 L2 为射频与音频隔离线圈。这种电路耗电大小与有无广播信号及音量大小关系不大，不收听时要关断电源。

（2）能够熟练识别和测试 SMT 和 THT 元器件。MT 调频收音机材料清单如表 3－8 所示。

表 3－8　MT 调频收音机材料清单

类别	代号	规格	型号/封装	数量	备注	类别	代号	规格	型号/封装	数量	备注
电阻	R1	222	2012 (2125) RJ 1/8 W	1		电感	L1			1	磁环
	R2	154		1			L2			1	红色
	R3	122		1			L3	70 nH		1	8 匝
	R4	562		1			L4	78 nH		1	5 匝
	R5	681		1		晶体管	V1		BB910	1	
电容	C1	222	2012 (2125)	1			V2		LED	1	
	C2	104		1			V3	9014	SOT－23	1	
	C3	221		1			V4	9012	SOT－23	1	
	C4	331		1		塑料件	前盖			1	
	C5	221		1			后盖			1	
	C6	332		1			电位器钮（内、外）			各 1	
	C7	181		1			开关钮（有缺口）			1	scan 键
	C8	681		1			开关钮（无缺口）			1	reset 键
	C9	683		1			卡子			1	
	C10	104		1		金属件	电池片（3 件）			正，负，连接片各 1	
	C11	223		1			自攻螺钉			3	
	C12	104		1			电位器螺钉			1	
	C13	471		1		其他	印制板			1	
	C14	330		1			耳机 32 Ω×2			1	
	C15	820		1			RP（带开关电位器 51 K）			1	
	C16	104		1			S1、S2（轻触开关）			各 1	
	C17	332	CC	1			XS（耳机插座）			1	
	C18	100 μ	CD	1							
	C19	104	CT	1	223－104						
IC	A		SC1088	1							

一、安装流程

SMT 调频收音机装配工艺流程如图 3－79 所示。

```
┌──────────┐      ┌──────────┐      ┌──────────────┐
│ 元器件检测 │      │ SMB检测  │      │ 外壳与结构件检验 │
└────┬─────┘      └────┬─────┘      └──────┬───────┘
     │                 │                   │
     │          ┌──────┴───────────────┐   │
     │          │ 丝印焊膏(手工焊接可省略此步) │   │
     │          └──────────┬───────────┘   │
     │                     │               │
     └─────┬───────────────┘               │
           │                               │
     ┌─────┴─────────────────┐             │
     │ 贴片(手工焊接可省略此步) │             │
     └─────────┬─────────────┘             │
               │                           │
     ┌─────────┴─────────────┐             │
     │ 回流焊(手工焊接可省略此步) │             │
     └─────────┬─────────────┘             │
               │                           │
        ┌──────┴──────┐                    │
        │  检验，补焊  │                    │
        └──────┬──────┘                    │
               │                           │
        ┌──────┴──────┐                    │
        │ THT元件装焊  │                    │
        └──────┬──────┘                    │
               │                           │
               └──────┬────────────────────┘
                      │
                ┌─────┴─────┐
                │ 部件装配  │
                └─────┬─────┘
                      │
                ┌─────┴─────┐
                │ 检测，调试 │
                └─────┬─────┘
                      │
                ┌─────┴─────┐
                │ 总装，交验 │
                └───────────┘
```

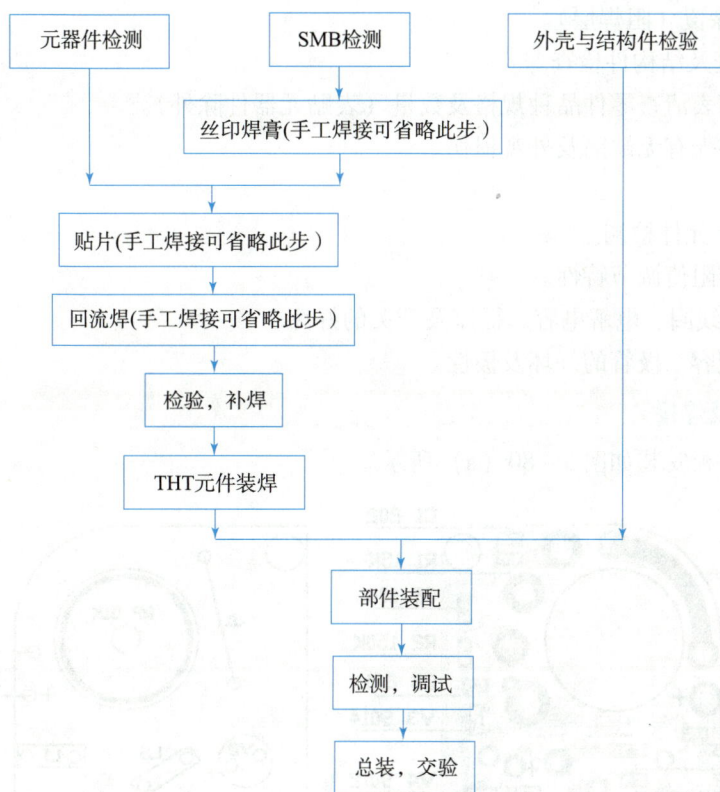

图 3 – 79　SMT 调频收音机装配工艺流程

二、安装步骤及要求

1. 技术准备

（1）了解 SMT 基本知识。

- SMC 及 SMD 特点及安装要求。
- SMT 工艺过程。
- SMB 设计及检验。
- 回流焊工艺及设备品结构及安装要求。

（2）实习产品简单原理。

（3）实习产品结构及安装要求。

其中，SMB——表面安装印制板，THT——通孔安装，SMC——表面安装元件，SMD——表面安装器件。

2. 安装前检查

（1）SMB 检查。

- 对照印制电路板安装图检查。
- 图形完整，有无短、断缺陷。
- 孔位及尺寸。

● 表面涂覆（阻焊层）。

（2）外壳及结构件检查。

①按材料表清查零件品种规格及数量（表贴元器件除外）。

②检查外壳有无缺陷及外观损伤。

③耳机。

（3）THT 元件检测。

①电位器阻值调节特性。

②LED、线圈、电解电容、插座及开关的好坏。

③判断变容二极管的好坏及极性。

3. 贴片及焊接

印制电路板安装如图 3-80（a）所示。

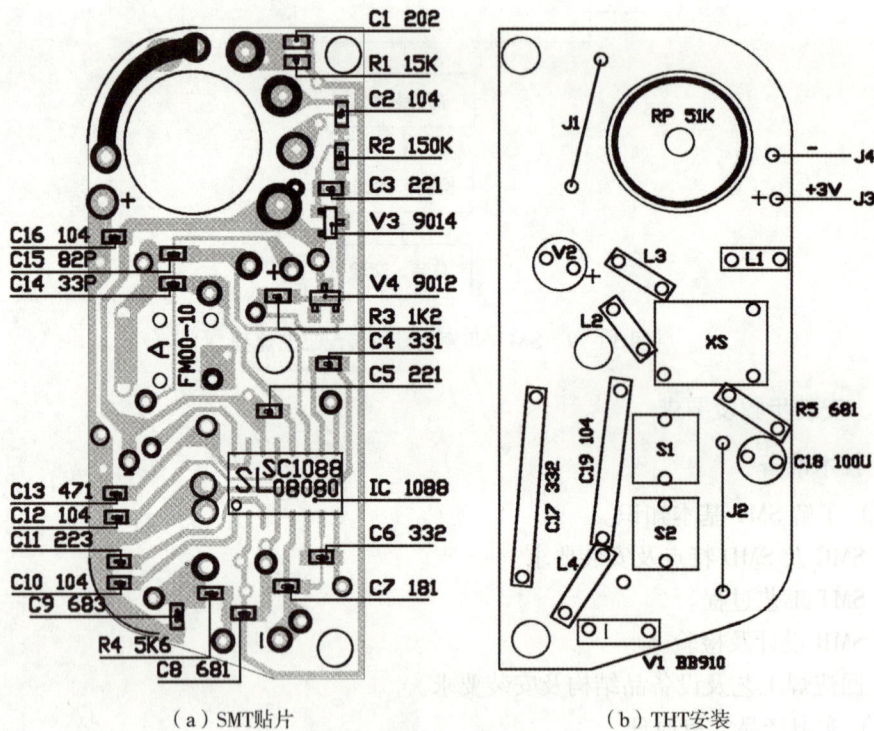

| （a）SMT贴片 | （b）THT安装 |

图 3-78　印制电路板安装

（1）丝印焊膏，并检查印刷情况。

（2）按工序流程贴片。

顺序：C1/R1，C2/R2，C3/V3，C4/V4，C5/R3，C6/SC1088，C7，C8/R4，C9，C10，C11，C12，C13，C14，C15，C16。

注意：①SMC 和 SMD 不得用手拿。

②用镊子夹持不可夹到引线。

③ IC1088 标记方向。

④贴片电容表面没有标志，一定要保证准确、及时贴到指定位置。

（3）检查贴片数量及位置。

（4）回流焊机焊接。

（5）检查焊接质量及修补。

4. 安装 THT 元器件

印制电路板安装如图 3 – 80（b）所示。

（1）安装并焊接电位器 RP，注意电位器与印制板平齐。

（2）耳机插座 XS。

（3）轻触开关 S1，S2 跨接线 J1，J2（可用剪下的元件引线）。

（4）变容二极管 V1（注意，极性方向标记），R5，C17，C19。

（5）电感线圈 L1 ~ L4（磁环 L1，红色 L2，8 匝线圈 L3，5 匝线圈 L4）。

（6）电解电容 C18（100 μ）贴板装。

（7）发光二极管 V2，注意高度，极性如图 3 – 81 所示。

（8）焊接电源连接线 J3，J4，注意正负连线颜色。

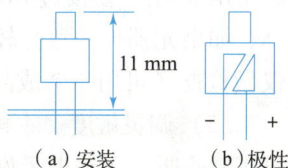

图 3 – 79　发光二极管

三、调试及总装

1. 调试

（1）所有元器件焊接完成后目视检查。

①元器件：型号、规格、数量及安装位置，方向是否与图纸符合。

②焊点检查：有无虚、漏、桥接、飞溅等缺陷。

（2）测总电流。

①检查无误后将电源线焊到电池片上。

②在电位器开关断开的状态下装入电池。

③插入耳机。

④用万用表 200 mA（数字表）或 50 mA 挡（指针表）跨接在开关两端测电流（见图 3 – 82），用指针表时注意表笔极性。

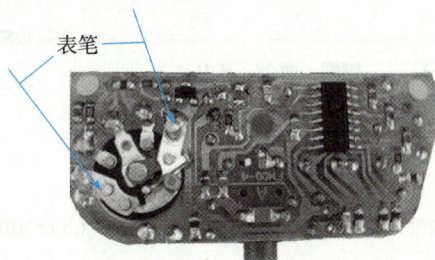

图 3 – 82　电流的测量

正常电流应为 7 ~ 30 mA（与电源电压有关），并且 LED 正常点亮。以下是样机测试结果，可供参考。

- 工作电压（V）：1.8，2，2.5，3，3.2。
- 工作电流（mA）：8，11，17，24，28。

注意：如果电流为0或超过35 mA，应检查电路。

（3）搜索电台广播。

①如果电流在正常范围，可按S1搜索电台广播。只要元器件质量完好，安装正确，焊接可靠，不用调任何部分即可收到电台广播。

②如果收不到广播，应仔细检查电路，特别要检查有无错装、虚焊、漏焊等缺陷。

（4）调接收频段（俗称调覆盖）。我国调频广播的频率范围为87～108 MHz，调试时可找一个当地频率最低的FM电台（如在北京，北京文艺台为87.6 MHz）适当改变L4的匝间距，使按过Reset键后第一次按Scan键可收到这个电台。由于SC1088集成度高，如果元器件一致性较好，一般收到低端电台后均可覆盖FM频段，故可不调高端而仅做检查（可用一个成品FM收音机对照检查）。

（5）调灵敏度。本机灵敏度由电路及元器件决定，一般不用调整，调好覆盖后即可正常收听。无线电爱好者可在收听频段中间电台（为97.4 MHz音乐台）时适当调整L4匝距，使灵敏度最高（耳机监听音量最大），不过实际效果不明显。

2. 总装

（1）蜡封线圈。调试完成后将适量泡沫塑料填入线圈L4（注意不要改变线圈形状及匝距），滴入适量蜡使线圈固定。

（2）固定SMB/装外壳。

①将外壳面板平放到桌面上（注意不要划伤面板）。

②将两个按键帽放入孔内，如图3-83（a）所示。

注意：Scan键帽上有缺口，放键帽时要对准机壳上的凸起，Reset键帽上无缺口。

③将SMB对准位置放入壳内。

注意：

- 对准LED位置，若有偏差可轻轻掰动，偏差过大必须重焊。
- 三个孔与外壳螺柱的配合如图3-83（b）所示。

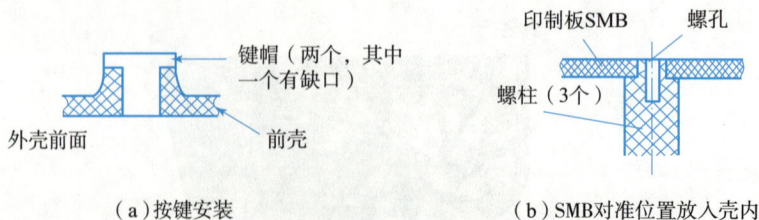

（a）按键安装　　　　　　　　（b）SMB对准位置放入壳内

图3-83　固定SMB装外壳

- 电源线，不妨碍机壳装配。

④装上中间螺钉，注意螺钉旋入手法（图3-84、图3-85）。

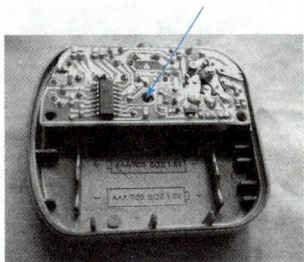

图 3 - 84　螺钉位置

图 3 - 85　紧固手法

⑤装电位器旋钮，注意旋钮上凹点位置（图 3 - 82）。

⑥装后盖，装两边的两个螺钉。

⑦装卡子。

3. 检查

总装完毕，装入电池，插入耳机进行检查，要求如下。

（1）电源开关手感良好。

（2）音量正常可调。

（3）收听正常。

（4）表面无损伤。

任务评价

填写表 3 - 9。

表 3 - 9　贴片式 FM 微型收音机的手工组装评价

项目：贴片式 FM 微型收音机的手工组装		班级			
工作任务：贴片式 FM 微型收音机的手工组装		姓名		学号	
任务过程评价（60 分）					
序号	项目及技术要求	评分标准		分值	成绩
1	工具的使用	能按照操作规程进行操作		10	
2	表贴元器件的识别与检测	按材料表清查元件及数量，并能正确识别及检测元件质量		20	
3	SMB 检查	按照装配工艺流程图检查 PCB 板有无短、断缺陷及孔位、尺寸等		20	
4	SMT 贴片	能正确贴装元件		10	
5	SMT 回流焊接	能正确对贴装元件进行回流焊接		20	
6	调试及总装	是否达到实训目的和要求		20	
	以上内容学生自评	总分 ×30%		得分	

续表

序号	项目及技术要求	评分标准	分值	成绩
7	由同一小组同学互评	协作能力，团队精神	30	
8		遵守实训纪律	20	
9		安全、质量与责任心	30	
10		工具及仪器整理、清洁卫生	20	
	总分×30%		得分	
指导教师总评	由指导教师结合自评、互评进行综合评定给分	总得分＝自评＋互评＋指导教师评分		
		教师签字：	年 月 日	

知识拓展

一、表面组装元件的识别

贴片元器件的优点：贴片元器件体积小，占用 PCB 板面少，元器件之间布线距离短，高频性能好，缩小设备体积，尤其便于便携式手持设备。

1. 贴片电阻

（1）外形。可分为矩形、圆柱形和异形，常见的是矩形贴片电阻。

（2）型号。贴片电阻的型号是以该元件的长、宽命名，如 0402，0603，0805，1206 等。

（3）极性。贴片电阻无极性。

（4）贴片电阻的特性。体积小，重量轻；适应回流焊与波峰焊；电性能稳定，可靠性高；装配成本低，并与自动装贴设备匹配；机械强度高、高频特性优越。

2. 贴片电容

贴片电容与插件电容最大的差别在于，插件电容可以直接从元件实体的标识知道该元器件的参数，而贴片电容除了从盘上的标识可以知道它的参数外，还需要用万用表或电桥作进一步的测量验证。

（1）特性。通交流、隔直流，通低频、阻高频。

（2）作用。

● 耦合电容。用在耦合电路中的电容称为耦合电容，在阻容耦合放大器和其他电容耦合电路中大量使用这种电容电路，起隔直流、通交流的作用。

● 滤波电容。用在滤波电路中的电容器称为滤波电容，在电源滤波和各种滤波器电路中使用这种电容电路，滤波电容将一定频段内的信号从总信号中去除。

● 退耦电容。用在退耦电路中的电容器称为退耦电容，在多级放大器的直流电压供给电路中使用这种电容电路，退耦电容消除每级放大器之间的有害低频交连。

● 旁路电容。用在旁路电路中的电容器称为旁路电容，电路中如果需要从信号中去掉某一频段的信号，可以使用旁路电容电路，根据所去掉信号频率不同，有全频域（所有交流信号）旁路电容电路和高频旁路电容电路。

● 负载电容。指与石英晶体谐振器一起决定负载谐振频率的有效外界电容。负载电容常用的标准值有 16 pF，20 pF，30 pF，50 pF 和 100 pF。负载电容可以根据具体情况作适当的调整，通过调整一般可以将谐振器的工作频率调到标称值。

（3）单位。电容的单位为法拉（F），常用的电容单位有毫法（mF）、微法（μF）、纳法（nF）和皮法（pF，皮法又称微微法）等，换算关系为：

$$1\ F = 1\ 000\ mF = 1\ 000\ 000\ \mu F$$

$$1\ \mu F = 1\ 000\ nF = 1\ 000\ 000\ pF$$

贴片电容容值常用三位表示阻值的大小；前两位是有效数值，第三位是有效数值后面 0 的个数。如：

101 表示 10×10 pF（即 100 pF）；

102 表示 10×100 pF（即 1 nF）；

103 表示 $10 \times 1\ 000$ pF（即 10 nF）；

104 表示 $10 \times 10\ 000$ pF（即 100 nF）；

105 表示 $10 \times 100\ 000$ pF（即 1 μF）。

3. 贴片二极管

（1）特点。具有体积小、耗电量低、使用寿命长、高亮度、环保、坚固耐用、牢靠、适合量产、反应快、防震、节能、高解析度、耐震、可设计等优点。

（2）分辨贴片发光二极管极性的方法。

LED 的封装是透明的，透过外壳可以看到里面的接触电极的形状是不一样的，正极是大方块，负极是小圆点。数字万用表有测点路通断的功能，图标是一个二极管和小喇叭。当万用表红表笔接在 LED 正极，黑表笔接在 LED 负极上时，LED 会被点亮。

（3）二极管的检测。万用表置于 $R \times 100$ 挡或 $R \times 1$ k 挡，两表笔分别接二极管的两个电极，测出一个结果后，对调两表笔，再测出一个结果。两次测量的结果阻值较大的一次为反向电阻，另一次测量出的阻值较小的为正向电阻。在阻值较小的一次测量中，红表笔（数字万用表）接的是二极管的正极，黑表笔接的是二极管的负极。

4. 贴片电感

（1）特性。与电容相反。

（2）作用。电感在电子电路中起谐振、耦合、延迟、滤波、陷波扼流、抗干扰等作用。

5. 磁珠

（1）作用。磁珠专用于抑制信号线、电源线上的高频噪声和尖峰干扰，还具有吸收静电脉冲的能力（数字电路中，由于脉冲信号含有频率很高的高次谐波）。磁珠有很高的电阻率和磁导率，等效于电阻和电感串联，但电阻值和电感值都随频率变化。

（2）单位。磁珠对高频信号才有较大阻碍作用，一般规格有 100 Ω/100 MHz，它在低频时电阻比电感小得多。以常用于电源滤波的 HH－1H3216－500 为例，其型号各字段含义如下：

①H 是其一个系列，主要用于电源滤波，用于信号线的是 HB 系列；

②1 表示一个组件封装了一个磁珠，若为 4，则是并排封装 4 个的；

③H 表示组成物质，H，C，M 为中频应用（50～200 MHz）；

④3216 封装尺寸，长 3.2 mm，宽 1.6 mm，即 1206 封装；

⑤500 阻抗（一般为 100 MHz 时），50 Ω。

注意： 磁珠的单位是欧姆，而不是亨利，这一点要特别注意。因为磁珠的单位是按照它在某一频率产生的阻抗来标称的，阻抗的单位也是欧姆。

电感与磁珠的区别：电感储存能量，而磁珠消耗能量。

二、电子元器件检测

正规的元器件检测需要多种通用或专门测试仪器。一般性的技术改造和电子制作，利用万用表等普通仪表对元器件检测，也可满足制作要求。

1. 电阻器检测

用数字式万用表可以方便、准确地检测电阻。

（1）选择相应量程，并注意两手不要同时接触表笔金属部分。

（2）测量小阻值电阻时，注意减去表笔零位电阻（即在 200 Ω 挡时表笔短接有零点几欧姆的电阻，是允许误差）。

（3）电阻引线不清洁时，须进行处理后再测量。

2. 电位器检测

（1）电位器的符号与实物，如图 3－86 所示。

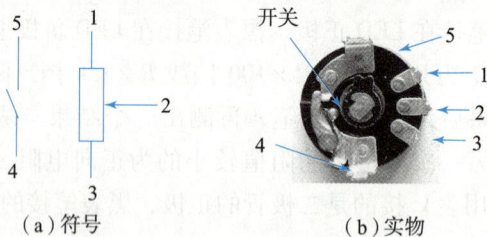

图 3－86　电位器符号与实物

（2）电位器的检测方法，如图 3－87 所示。

固定端电阻（1 端、3 端）测量与电阻器测量相同；活动端（1 端、2 端）性能测量用指针式万用表表可方便观察。

3. 电容器检测（用指针表可方便观察）

（1）小电容（≤0.1 μF）可测短路、断路、漏电等故障。采用测电阻的方法：正常情况下电阻为无穷大，若电阻接近或等于零则电容短路，若为某一数值则电容漏电。

（2）大容量电容（≥0.1 μF）除可测短路和漏电外，还可估测电容量，电解电容

（a）检测开关　　　　　　　　　　　　（b）检测固定端

（c）检测活动端

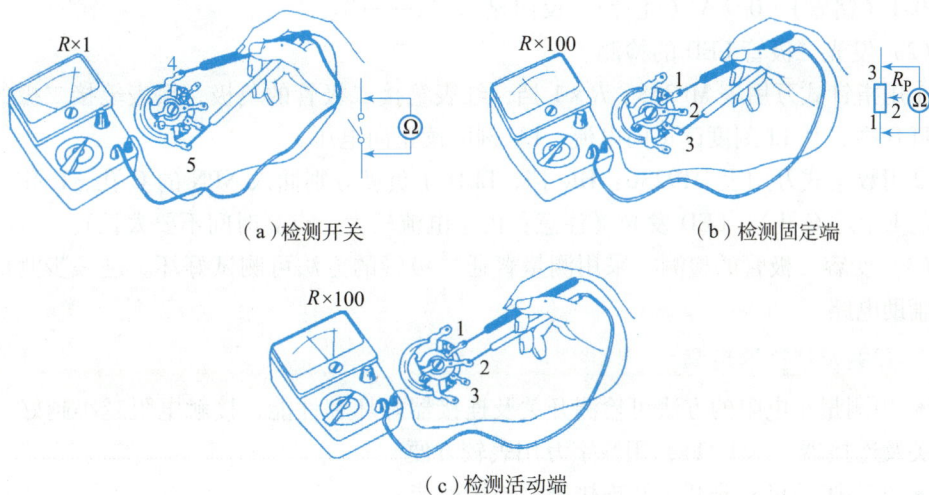

图 3 - 87　电位器检测

须注意极性。

方法如下：

①先将电容器两端短接放电。

②用表笔接触电容器两端，正常情况下表针将发生摆动，容量越大，摆动角度越大，且回摆越接近出发点，说明电容器质量越好（漏电越小），如图 3 - 88 所示。

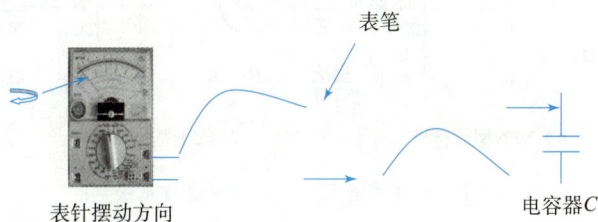

图 3 - 88　用指针表检测电容器

③利用已知容量电容对比可估测电容量。

4. 电感器检测（用万用表可测量线圈短路和断路）

方法是：测线圈电阻及线圈间绝缘电阻。一般线圈电阻值较小，为零点几欧姆到几十欧姆，宜用数字式万用表检测。线圈之间绝缘电阻应为无穷大。

5. 二极管检测（用数字式万用表和指针式万用表均可）

（1）普通二极管的检测。

①用指针式万用表：采用测量二极管正反向电阻的方法，正常二极管正向电阻几千欧姆以下，反向几百千欧姆以上。

注意：指针式万用表中，黑表笔为内部电池正极，红表笔为内部电池负极。

②用数字式万用表：用二极管挡，测量的是二极管的电压降，正常二极管正向压

降为 0.1（锗管）~0.7 V（硅管），反向显示"1——"。

（2）发光二极管 LED 的检测。

①用指针式万用表 MF368：$R×1$ 挡，红表笔接二极管的负极，黑表笔接二极的正极，LED 亮，从 LI 刻度读正向电流，LV 刻度读正向电压。

②用数字式万用表 DT9236：Hfe 挡，LED 正负极分别插入 NPN 的 C 孔、E 孔（或 PNP 的 E 孔、C 孔），LED 发光（注意：由于电流较大，点亮时间不要太长）。

（3）变容二极管的检测。采用测量普通二极管的方法可测试好坏。进一步测试需借助辅助电路。

6. 开关及连接器检测

● 用测量小电阻的方法可检测开关及连接器好坏和性能，接触电阻越小越好（常用开关及连接器 $R_c < 1\ \Omega$），用数字万用表较方便。

● 用高阻挡可检测开关及连接器的绝缘性能。

7. 三极管的检测

（1）判定基极和管型（NPN 型或 PNP 型）。半导体三极管是具有两个 PN 结的半导体器件，如图 3-87 所示，其中图 3-89（a）为 PNP 型三极管，图 3-89（b）为 NPN 型三极管。

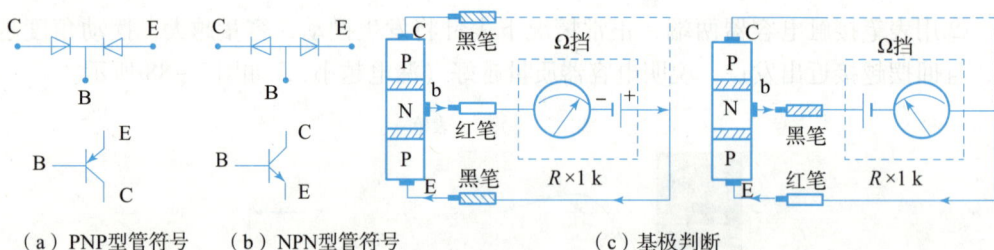

（a）PNP 型管符号　（b）NPN 型管符号　（c）基极判断

图 3-89　三极管管型、内部 PN 结及基极判断

①用指针式万用表：用电阻挡的 $R×100$ 挡或 $R×1$ k 挡，以黑表笔（接表内电池正极）接三极管的某一个引脚，再用红表笔（接表内电池负极）分别去接另外两个引脚，直到出现测得的两个电阻值都很小（或者很大），那么黑表笔所接的引脚就应是基极。为了进一步确定基极，可再将红黑表笔对调，这时测得的两个电阻值应当与上面的情况刚好相反，即都是很大（或都是很小），这样三极管的基极就确认无误了，如图 3-89（c）所示。

当黑表笔接基极时，如果红表笔分别接其他两引脚，所测得的电阻值都很小，说明是 NPN 型三极管。如果测得的电阻都很大，说明是 PNP 型三极管。

②用数字式万用表：若用二极管挡〔用电阻挡时各引脚电阻均为无穷大（显示"1——"）〕，方法同上，只是要注意数字式万用表笔接表内电池极性与指针式万用表相反，显示的是 PN 结的正反向压降。

（2）判定发射极和集电极及放大倍数。

判定三极管的发射极 E 和集电极 C，通常用放大性能比较法。

①一般方法。用指针式万用表找到基极 B 并确定为 NPN（或 PNP）型三极管后，

在另外两个引脚中可以假定一个为集电极，另一个为发射极；观察放大性能，方法如图 3 - 90 所示：将黑表笔接假设的集电极，红表笔接假设的发射极，并在集电极与基极之间加一个 100 kΩ 左右的电阻（通常测量时可用人体电阻代替，即用手指捏住两引脚，下同），观察测得的电阻值。

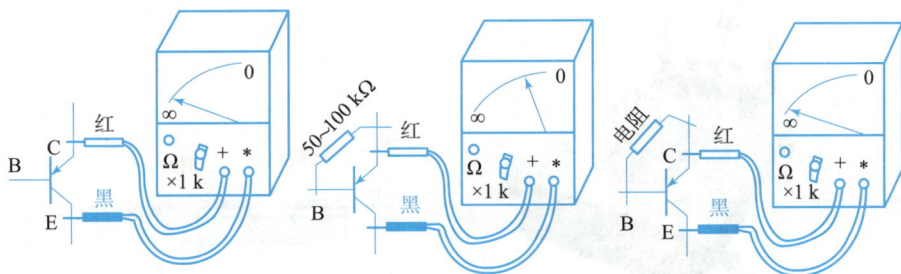

图 3 - 90　发射极和集电极及放大倍数检测（NPN 型三极管）

　　然后对调表笔，并在假设的发射极与基极之间加一个 100 kΩ 的电阻，观察测得的电阻值。将两次测得的电阻值作比较，电阻值较小的一次测量中，黑表笔所接的是 NPN 型三极管的集电极 C，红表笔所接的是三极管的发射极 E，假设正确。

　　若是 PNP 型三极管，测量方法同上，只是测得的电阻较大的一次为正确的假设。

　　②直接测量。对于小功率三极管，也可确定基极及管型（PNP 还是 NPN）后，分别假定另外两极，直接插入三极管测量孔（指针式万用表、数字式万用表均可，功能开关选 Hfe 挡），读取放大倍数 Hfe 值。E 和 C 假定正确时，放大倍数大（几十至几百），E 和 C 假定错误时，放大倍数小（一般小于 20），如图 3 - 91 所示。

MF368型指针式万用表　　　　　　　　　DT9236型数字式万用表

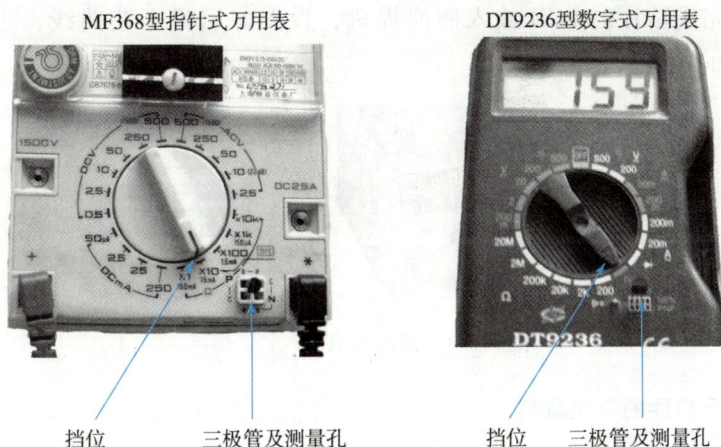

挡位　　三极管及测量孔　　　　挡位　　三极管及测量孔

图 3 - 91　直接测量法（测量三极管放大倍数并判断引脚）

三、贴片元器件焊接方法

1. 贴片元器件的回流焊接

这种贴片元器件的焊接方法较为灵活，适应性比较强，焊接技术也比较容易掌握。

视配置设备的自动化程度的不同，既可用于中小批量生产，又可用于大批量生产。尤其适用于高校贴片元器件焊接实训。

回流焊接的操作步骤如下：

（1）利用印刷机在 PCB 上印制焊锡膏，如图 3－92 所示。

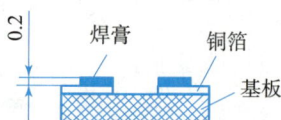

图 3－92　焊膏印刷机　　　　　印锡膏

（2）用手动或半自动贴片机进行贴片操作，贴片完成的示意图如图 3－93 所示。

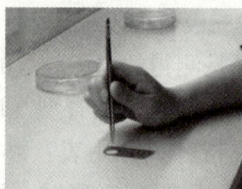

图 3－93　手工贴片　　　　贴片

（3）将完成贴片的 PCB 放入回流焊机，设置好回流工艺曲线，进行焊接，如图 3－94 所示。

图 3－94　回流焊机　　　　焊接

2. 贴片元器件的手工焊接

贴片元器件手工焊接的各种方法已经在前面详细讲述，这里不再赘述。

项目四

SMT产品的产线组装

学习指南

本项目共28课时，其中理论14课时，实训14课时。内容主要有锡膏印刷机的运行操作与维护、贴片机的运行操作与维护及回流焊炉的运行操作与维护。学习内容和要求如下。

（1）能熟练实施焊膏、红胶保管和使用。

（2）能正确放置与调整印刷模板。

（3）能正确拆装刮刀。

（4）能正确使用 PCB 载板。

（5）能对印刷机进行编程、调正或程序调用。

（6）能按照作业指导书要求，正确完成焊膏印刷操作。

（7）正确调整，控制焊膏印刷工艺参数。

（8）对印刷故障和质量不合格产品进行分析、判断，并进行改善。

（9）能熟练地对印刷机进行清洁、保养、维护。

（10）能按工艺文件要求，正确操作贴片机。

（11）能正确调整，控制贴片工艺参数。

（12）能熟练判断、分析贴装质量故障，并进行改善。

（13）对贴片机进行清洁、保养、维护。

（14）能正确选用焊料、助焊剂。

（15）能正确熟练操作回流焊机。

（16）能按照工艺文件要求，针对不同印制板组装件调整回流焊炉的工艺参数与炉温曲线。

（17）能判断焊接质量合格与否，对焊接故障进行分析，并采取改善措施。

（18）能达到电子装接（表面贴装）高级工职业资格证任职要求。

（19）能依据不同的 PCB 组装任务，熟练地实施 SMT 制程管控、设备操作、维护等专业技能。

目前，先进的电子系统，特别是在通信、计算机及网络和电子类产品系统中，已普遍采用表面贴装技术。国际上 SMD 器件产量逐年上升，OEM，EMS 已成为电子行业主流资源配置方式，传统器件诸如双列直插的芯片及通孔安装方式的电阻、电容产量逐年下降，因此随着时间的推移，表面贴装技术将越来越普及，而大型的 SMT 生产线一般只适合于同一品种、大批量电子产品的生产，对于多品种、小批量的电子产品的生产以及研发、教学的应用来说，使用大型 SMT 生产线是不现实的，而且成本、体积也让国内的众多用户难以接受。

对于小批量生产来说，用设备焊接出的电子产品的焊接质量完全可与大型 SMT 设备相媲美，同时解决了大型 SMT 生产线不易加工、小批量的瓶颈问题，缩短了产品化的进程；对于中批量生产，设备工作效率极高，几名工人一天即可完成允许最大尺寸的 PCB 近百块，小尺寸的可达上千块，同时可对产品加工过程的质量和生产周期进行控制，并降低外加工成本。

思维导图

锡膏印刷机的运行操作与维护

SMT生产线组装

贴片机的运行操作与维护

回焊炉的运行操作与维护

任务一　锡膏印刷机的运行操作与维护

任务描述

表面贴装技术（SMT）主要包括：锡膏印刷，精确贴片，回流焊接。其中锡膏印刷质量对表面贴装产品的质量影响很大，据业内评测分析约有 60% 的返修板子是因锡膏印刷不良引起的，在锡膏印刷中，有三个重要部分，焊膏、钢网模板和印刷设备，如能正确选择，可以获得良好的印刷效果。

任务分析

在 SMT 生产线中负责锡膏印刷的设备是锡膏印刷机，锡膏印刷机是将锡膏印刷到 PCB 板上的设备，它是对工艺和质量影响最大的设备。目前，印刷机主要分半自动印刷机和全自动印刷机。半自动印刷机：操作简单，印刷速度快，结构简单，缺点是印刷工艺参数可控点较少，印刷对中精度不高，锡膏脱模差，一般适用于0603（英制）以上元件、引脚间距大于1.27 mm的PCB印刷工艺。全自动印刷机：印刷对中精度高，锡膏脱模效果好，印刷工艺较稳定，适用密间距元件的印刷，缺点是维护成本高，对作业员的知识水平要求较高。

必 备 知 识

现代锡膏印刷机一般由装版、加锡膏、压印、输电路板等机构组成。它的工作原理是：先将要印刷的电路板固定在印刷定位台上，然后由印刷机的左右刮刀把锡膏或红胶通过钢网漏印于对应焊盘，对漏印均匀的PCB，通过传输台输入至贴片机进行自动贴片。

4.1.1 锡膏印刷机的基本操作

下面以DEK265为例，介绍一下锡膏印刷机的基本操作。

一、开机

开机前检查紧急停止按钮是否松开，气压是否充足，洗板水是否充足，机器内部是否有异物。

打开电源开关（main Isolator）向右旋转将出现如图4-1所示界面。

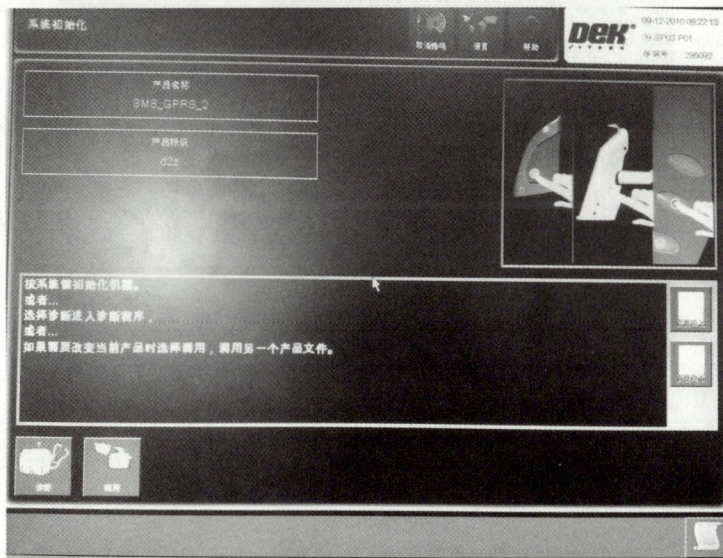

图4-1 开机界面

按下系统铵钮 ⚪ ，系统进入初始化，如图4-2所示。

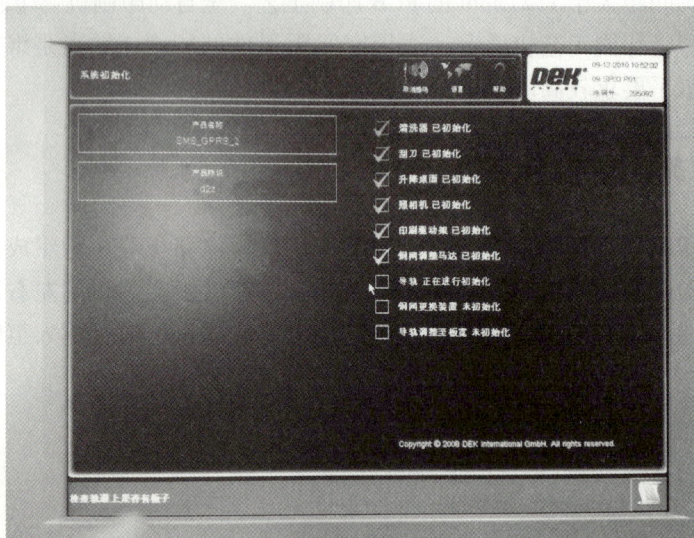

图4-2　正在初始化的界面

2. 初始化完毕后进入操作界面

初始化完毕后进入操作界面的图示如图4-3所示。

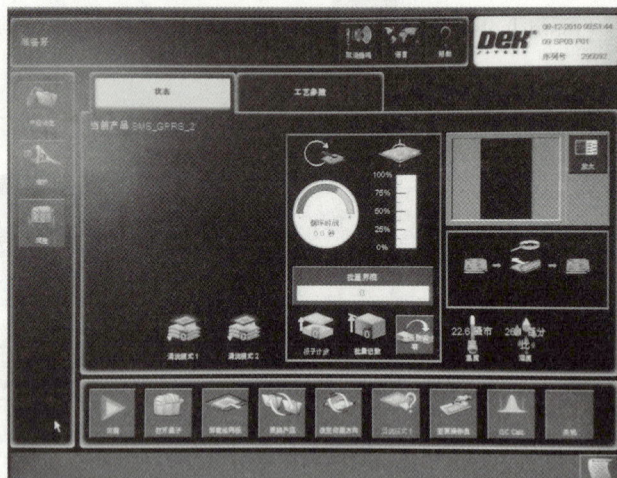

图4-3　初始化完毕后的操作界面

三、生产程序的检查

按下 [图标] 键，检查当前文件的名称以及数据，进入印刷参数的设定，如图4-4所示。

图 4-4　印刷参数的设定

检查参数是否正确，应检查的参数包括：产品名称，基板长度，基板宽度，基板高度，输入前刮刀压力，后刮刀压力；前、后刮刀速度，脱模速度，离网距离，基板基准点1X：MARK1 的坐标，基板基准点1Y：输入 MARK1 的 Y 坐标，基板基准点2X：输入 MARK2 的 X 坐标，基板基准点2Y：输入 MARK2 的 Y 坐标，清洁模式，清洁速度，丝网板开孔图案位置。

检查无误后，按 ████ 键返回。

如文件名称与机种不相符，应重新调用程序，单击 ████ 后进入界面选择相应的程序，并调用。

四、安装钢网

放入钢网（注意网板方向要与 PCB 的进板方向相符），并使用右手边夹杆上的刻度尺将钢网送至正确位置，回到界面后按 ████ 键安装丝网。每次关上前盖都要按下 ████ 系统键才能回到界面。

五、刮刀的使用

刮刀在选择时，要选用比 PCB 大 50 mm 的，且刮刀与印框之间至少有 80 mm 的距离。每次换线时需及时检查刮刀有无变形；将刮刀放置于链条轨道上，检查刮刀与链条轨道是否平贴刮刀，安装时要特别注意方向，双手顺时针同时拧紧螺钉。拆卸方法与安装反向即可，拆卸完毕要清除干净残留的锡膏。

六、添加锡膏

锡膏的初次使用量一般按 PCB 的尺寸估计（添加时要注意锡膏要保持在印刷钢网

与刮刀之间的非开口区域内，以免使 PCB 板弄脏）。在生产中，每 30 分钟要将边缘的锡膏铲到中央（若长时间不滚动，黏度会不一样），并检查锡膏滚动量与滚动的锡膏，当其低于后刮刀上标识线（标识线距离刮刀底部约 10 mm）时，即需添加。

一切准备就绪后，按 ▶ 键进行印刷生产。

七、关机

按下 键，即机器内部的 PCB 印刷完毕后，将 PCB 送出即停止印刷作业。

生产过程中发生辨识不良而停机时，如果钢网辨识不良，擦拭即可；如果 PCB 辨识不良，将 PCB 移除，用橡皮擦擦拭即可。

八、注意事项

（1）每更换机种或换班时，换线人员或接班人员必须确认 PCB、钢网。

（2）印刷好的 PCB 如果在两小时内未贴片，应作擦拭处理。

（3）如机器发生异常，必要时应打开紧急停止开关 （EMERGENCY STOP SW）并立即通知工程人员予以排除。

（4）系统的进入设定密码由指定的工程人员负责，非经允许严禁修改。

4.1.2 锡膏印刷机工作流程

众所周知，只要是机器，都有一个固定的工作流程。锡膏印刷机的工作流程如下：

第一步，打开开关，让机器归零，选择需要的操作程序。简言之叫"打开清零，选择程序"。

第二步，开始安装支撑架，再调节需要的宽度，一直调节到需要的那个点。然后开始移动挡板，打开开关，注意这个开关是运输的开关，将板子放到中间，最后到达指定的位置。

第三步，上面的安装程序准备就绪后，开始调节电脑界面，要和中间的"十"字对应。确认数据无误后，就可以单击确定按钮了。

第四步，安装好刮刀，并调节位置，并进行前后调整，等确定安装正确后，打开调解的窗口，这时就开始进行生产了。

第五步，添加锡膏，添加的原则是要高于刮刀的 1/3 的位置，要把握好这个量。

第六步，当锡膏添加好后就是检查了，这时要检查印刷的锡膏是不是有所偏倚，或者连锡等情况。当然还要注意其中的厚薄是否均匀，这些都需要注意。

第七步，为了减少浪费，要首先印刷出一件，以检查第一件产品是不是合格。如果发现合格那就可以印刷了，但如果不合格就需要再进行调整，千万不要盲目地印刷。

4.1.3　印刷机维护保养

其实很多人在使用锡膏印刷机的时候忽略了维护保养的环节，这样可能会导致设备使用一段时间后经常出现故障，缩短其使用寿命。所以需要去了解以及学习如何进行锡膏印刷机的维护保养，这样才能够让设备更好地发挥其最大功效，也能够减少更换设备或者维修设备的开支。

首先，在使用过程中要懂得规范操作，一旦发现故障就要及时停止设备运行，经过专业维修人员检测排除故障之后才可以正常启动运行。还要定期检查刮刀，如果刮刀出现明显了裂纹或者缺口，要及时更换，这样设备才能够正常运行工作，也可以减少残次品出现。

其次，需要对设备外部以及内部的灰尘进行有效的清理，这样可以避免由于灰尘的堆积而导致内部零件受到影响，以减少故障的出现。在使用过程当中，若发现控制按键出现接触不良或者失灵的现象，需要及时检查或者更换，这样可以防止在操作过程中由于按键的问题而导致设备出现故障。所以说定期进行锡膏印刷机的维护保养是非常有必要的。

任务二　贴片机的运行操作与维护

📖 任 务 描 述

SMT生产线的三大关键工序为印刷、贴片及回流焊。其中片式电子元件/器件（Surface Mount Component/Surface Mount Device，SMC/SMD）的贴装是整个表面贴装工艺的重要组成部分，它所涉及的问题较其他工序更复杂、难度更大，同时片式电子元件贴装设备在整个设备投资中也最大。其所用设备为贴片机，位于SMT生产线中丝印机的后面（见图4-5）。

图4-5　贴片机

贴片机是用来将表面组装元器件准确安装到 PCB 的固定位置上的设备。贴片机的贴装精度及稳定性将直接影响所加工电路板的品质及性能。

贴片机是用来实现高速、高精度地贴放元器件的设备，是整个 SMT 生产中最关键、最复杂的设备。

4.2.1 贴片机类型

目前贴片机大致可分为动臂式、复合式、转盘式和大型平行系统。不同种类的贴片机各有优劣，通常取决于应用或工艺对系统的要求，在其速度和精度之间也存在一定的平衡。

动臂式机器具有较好的灵活性和精度，适用于大部分组件，高精度机器一般都是这种类型，但其速度无法与复合式、转盘式和大型平行系统相比。不过组件排列越来越集中，在有源部件上，如有引线的 QFP 和 BGA 阵列组件，安装精度对高产量有至关重要的作用。动臂式机器分为单臂式和多臂式，单臂式是最早先发展起来的，也是现在仍然使用的多功能贴片机。在单臂式基础上发展起来的多臂式贴片机可将工作效率成倍提高，如 YAMAHA 公司的 YV112 就含有两个带有 12 个吸嘴的动臂安装头，可同时对两块电路板进行安装。

复合式机器是从动臂式机器发展而来的，它集合了转盘式和动臂式的特点，在动臂上安装有转盘，如 Simens 的 Siplace80S 系列贴片机，有两个带有 12 个吸嘴的转盘。由于复合式机器可通过增加动臂数量来提高速度，具有较大灵活性，因此它的发展前景被看好，如 Simens 最新推出的 HS50 机器就安装有 4 个这样的旋转头，贴装速度可达5 万片/小时。

转盘式机器由于拾取组件和贴片动作同时进行，使贴片速度大幅度提高，这种结构的高速贴片机在我国的应用最为普遍，其不但速度较高，而且性能非常稳定，如松下公司的 MSH3 机器贴装速度可达到 0.075 秒/片。但是这种机器由于机械结构所限，其贴装速度已达到一个极限值，不可能再大幅度提高。

大型平行系统由一系列的小型独立组装机组成。各自有丝杠定位系统机械手，机械手带有摄像机和安装头。各安装头都从几个带式送料器拾取组件，并能为多块电路板的多块分区进行安装，这些板通过机器定时转换角度对准位置，如 Philips 公司的FCM 机器有 16 个安装头，实现了 0.0375 秒/片的贴装速度，但就每个安装头而言，贴装速度在 0.6 秒/片左右，仍有大幅度提高的可能。

复合式、转盘式和大型平行系统属于高速安装系统，一般用于小型片状组件安装。

转盘式机器也被称作"射片机"（Chip Shooter）。此类机器具有高速"射出"的能力。因为无源组件，即"芯片"以及其他引线组件所需精度不高，射片机组装可实现较高的产能。高速机器由于结构较普通动臂式机器复杂许多，因而价格也高出许多，在选择设备时要考虑到这一点。

试验表明，动臂式机器的安装精度较好，安装速度为每小时 5 000~20 000 个组件。复合式和转盘式机器的组装速度较高，一般为每小时 20 000~50 000 个。大型平行系统的组装速度最快，可达每小时 50 000~100 000 个。

4.2.2　贴片机结构与特性

目前，世界上生产贴片机的厂家有几十家，贴片机的品种达数百个，但无论是全自动贴片机还是手动贴片机，无论是高速贴片机还是中低速贴片机，它的总体结构均有类似之处。

贴片机的结构可分为机架、PCB 传送机构及支撑台、X 和 Y 与 Z/θ 伺服定位系统、光学识别系统、贴片头、供料器、传感器和计算机操作软件。具体介绍如下。

一、机架

机架是机器的基础，所有的传动、定位、传送机构均牢固地固定在机架上面，大部分型号的贴片机及其各种送料器也安置在机架上面，因此机架应有足够的机械强度和刚性。目前贴片机有各种形式的机架，大致可分为整体铸造式和钢板烧焊式。

（1）整体铸造式。整体铸造的机架特点是整体性强、刚性好，整个机架铸造后采用时效处理，机架的变形微小，工作稳固。高档机多采用此类结构。

（2）钢板烧焊式。这类机架由各种规格的钢板等烧焊而成，再经过时效处理以减少应力变形。它的整体性比整体铸造式低一点，但具有加工简单、成本较低的特点。在外观上（去掉机器外壳）可见到焊缝。

机器采用哪种结构的机架，取决于机器的整体设计和承重。通常机器在运行过程中应平稳、轻松、无振动感（用金属币立于机器上不会出现翻倒），从某种意义上来讲机架起着关键作用。

二、传送机构与支撑台

传送机构的作用是将需要贴片的 PCB 送到预定位置，贴片完成后再将 SMA 送至下道工序。

传送机构是安放在轨道上的超薄型皮带传送系统。通常皮带安置在轨道边缘（皮带分为 A，B，C 三段），并在 B 区传送部位设有 PCB 夹紧机构，在 A 区，C 区装有红外传感器，更先进的机器还带有条形码阅读器，能识别 PCB 的进入和送出，并记录 PCB 的数量。

传送机构根据贴片机的类型又分为整体式导轨和活动式导轨。

（1）整体式导轨。在整体式导轨的贴片机中，PCB 的进入、贴片、送出始终在导轨上，当 PCB 送到导轨上并前进到 B 区时，PCB 会有一个后退动作，当遇到后制限位块时，PCB 停止运行，与此同时，PCB 下方带有定位销的顶块上行，将销钉顶入 PCB 的工艺孔中，并且 B 区上的压紧机构将 PCB 压紧。

在 PCB 的下方有一块支撑台板，台板上有阵列式圆孔，当 PCB 进入 B 区后，可根据 PCB 的结构需要在台板上安装适当数量的支撑杆，随着台面的上移，支撑杆将 PCB 支撑在水平位置，这样当贴片头工作时就不会将 PCB 下压而影响贴片精度。

若 PCB 事先没有预留工艺孔，则可以采用光学辨认系统确认 PCB 的位置，此时可以将定位块上的销钉拆除，当 PCB 到位后，由 PCB 前后限位块及夹紧机构共同完成 PCB 的定位。

通常光学定位的精度高于机械定位，但定位时间较长。

（2）活动式导轨。在活动式导轨高速贴片机中，B 区导轨相对于 A 区、C 区是固定不变的，A 区、C 区导轨却可以上下升降，当 PCB 由印刷机送到导轨 A 区时，A 区导轨处于高位并与印刷机相接；当 PCB 运行到 B 区时，A 区导轨下沉到与 B 区导轨同一水平面，PCB 由 A 区移到 B 区，并由 B 区夹紧定位；当 PCB 贴片完成后送到 C 区导轨，C 区导轨由低位（与 B 区同水平）上移到与下道工序的设备轨道同一水平，并将 PCB 由 C 区送到下道工序。然而在最新的松下 MSR 型贴片机中，其 A 区、C 区导轨为固定导轨，B 区导轨则设计成可做 X - Y 移动的 PCB 承载台，并可作上下升降运动。由此可见，不同机型的导轨有不同结构，其做法主要取决于贴片机的整体结构。

三、X 和 Y 与 Z/θ 伺服定位系统

（1）功能。X，Y 定位系统是贴片机的关键机构，也是评估贴片机精度的主要指标，它包括 X，Y 传动结构和 X，Y 伺服系统。它的功能有两种，一种是支撑贴片头，即贴片头安装在 X 导轨上，X 导轨沿 Y 方向运动从而实现在 X - Y 方向贴片的全过程，这类结构在通用型贴片机中多见，另一种功能是支撑 PCB 承载平台并实现 PCB 在 X - Y 方向移动，这类结构常见于塔式旋转头类的贴片机中。这类高速机中，其贴片头仅作旋转运动，而依靠送料器的水平移动和 PCB 承载平面的运动完成贴片过程。上述 X，Y 定位系统中，X 导轨沿 Y 方向运动，从运动的形式来看，属于连动式结构，其特点是 X 导轨受 Y 导轨支撑，并沿 Y 轴运动，它属于动式导轨结构。

还有一类贴片机，贴片机的机头安装在 X 导轨上，并仅作 X 方向的运动，而 PCB 承载台仅作 Y 方向运动，工作时两者配合完成贴片过程，其特点是 X，Y 导轨均与机座固定，它属于静式导轨结构。

从理论上讲，分离式结构的导轨在运动中的变形量要小于连动式，但在分离式的结构中，PCB 处于运动状态，对贴装后的元器件是否产生位移则应考虑。

（2）结构。X，Y 传动机构主要有两大类，一类是滚珠丝杠——直线导轨，另一类是同步齿行带——直线导轨。

①滚珠丝杠——直线导轨。典型的滚珠丝杠——直线导轨的结构，贴片头固定在滚珠螺母基座和对应的直线导轨上方的基座上，马达工作时，带动螺母作 X 方向往复运动，有导向的直线导轨支撑，保证运动方向平行，X 轴在两平行滚珠丝杠——直线

导轨上作 Y 方向移动，从而实现了贴片头在 $X-Y$ 方向正交平行移动。同理，PCB 承载平台也以同样的方法，实现 $X-Y$ 方向正交平行移动。

贴片速度的提高，意味着 $X-Y$ 传动结构速度的提高，这将会导致 $X-Y$ 传动结构因运动过快而发热，通常钢材的线膨胀系数为 0.000 015，铝的线膨胀系数为钢的 1.5 倍，而滚珠丝杠（与马达连接）为主要热源，其热量的变化会影响贴装精度，故最新研制出的 $X-Y$ 传动系统，在导轨内部设有冷却系统，以保证因热膨胀带来的误差，如果 $X-Y$ 轴没有强制冷却，在轴的附近会有明确的变形。

此外，在高速机中采用无摩擦线性马达和空气轴承导轨传动，运行速度更快。

②同步带——直线轴承驱动。典型的同步齿行带——直线导轨结构，同步齿行带由传动马达驱动小齿轮，使同步带在一定范围内作直线往复运动。这样带动轴基座在直线轴承往复运动，两个方向传动部件组合在一起组成 $X-Y$ 传动系统。

由于同步齿行带载荷能力相对较小，仅适用于支持贴片头运动，典型产品是德国西门子贴片机，如 HS-50 型贴片机，该系统运行噪声低，工作环境好。

（3）$X-Y$ 伺服系统（定位控制系统）。随着 SMC，SMD 尺寸的减小及精度的不断提高，对贴片机贴装精度的要求越来越高，换言之，对 $X-Y$ 定位系统的要求越来越高。而 $X-Y$ 定位系统是由 $X-Y$ 伺服系统来保证的，即上述的滚珠丝杠——直线导轨及齿行带——直线轴承，是由交流伺服电动机驱动，并在位移传感器及控制系统指挥下实现精确定位，因此位移传感器的精度起着关键作用。

（4）Y 轴方向运行的同步性。由于支撑着贴片机头的 X 轴是安装在两根 Y 轴导轨上的，为了保证运行的同步性，早期的贴片机采用齿轮、齿条和过桥装置将两 Y 导轨相连接。但这种做法机械噪声大，运行速度受到限制，贴片头的停止与启动均会产生应力，导致震动并可能影响贴片精度。目前设计的新型贴片机，X 轴运行采用完全同步控制回路的双 AC 伺服电动机驱动系统，将内部震动降至最低，从而保证了 Y 方向同步运行，其速度快，噪声低，贴片头运行流畅轻松。

（5）$X-Y$ 运动系统的速度控制。在高速机中，$X-Y$ 运动系统的运行速度高达 150 mm/s，瞬时的启动与停止都会产生震动和冲击。最新的 $X-Y$ 运动系统采用模糊控制技术，运动过程中分三段控制，即"慢—快—慢"，呈"S"形变化，从而使运动变得更"柔和"，也有利于贴片精度的提高，同时机器噪声也可以减至更小。

（6）Z 轴（HEAD）伺服定位系统。在通用型贴片机（泛用机）中，支撑贴片头的基座固定在 X 导轨上，基座本身不作 Z 方向的运动。这里的 Z 轴控制系统，特指贴片头的吸嘴运动过程中的定位，其目的是适应不同厚度 PCB 与不同高度元器件的贴片需要。Z 轴控制系统常见的形式有下列几种。

①圆光栅编码器——AC/DC 马达伺服系统。在通用型贴片机（泛用机）中，吸嘴的 Z 方向伺服控制与 $X-Y$ 伺服定位系统类似，即采用圆光栅编码器的 AC/DC 伺服马达——滚珠丝杠或同步带机构。采用 AC/DC 伺服马达——滚珠丝杠控制时，其马达——滚珠丝杠安装在吸嘴上方；采用 AC/DC 伺服马达——同步带控制时，其马达可安装在侧位，通过齿轮转换机构实现吸嘴在 Z 方向的控制。由于吸嘴 Z 方向运动行程短及采用光栅

编码器，通常控制精度均能满足要求。

②原筒凸轮控制系统。在松下 MVB 型贴片机中，吸嘴 Z 方向的运动则是依靠特殊设计的圆筒凸轮曲线实现吸嘴上下运动，贴片时，在 PCB 装载台的配合下（装载可以自动调节高度）完成贴片程序。

（7）Z 轴旋转定位。早期采用气缸和挡块来实现，只能做到 $0 \sim 90$ 度控制，现在的贴片机已直接将微型脉冲电动机安装在贴片头内部，以实现旋转方向高精度的控制。松下 MSR 型贴片机的微型马达的分辨率为 0.072 度/脉冲，它通过高精度的谐波驱动器（减速比为 30:1），直接驱动吸嘴装置，由于谐波驱动器具有输入轴与输出轴同心度高、间隙小、振动低等优点，故吸嘴的 θ 方向实际分辨率高达 0.024 度/脉冲，确保了贴片精度的提高。

四、光学对中系统

贴片机的对中是指贴片机在吸取组件时要保证吸嘴吸在组件中心，使组件的中心与贴片头主轴的中心线保持一致，因此，首先遇到的是对中问题。早期贴片机的组件对中是用机械方法来实现的（称为"机械对中"）。当贴片头吸取组件后，在主轴提升时，拨动 4 个爪把组件抓一下，使组件轻微地移动到主轴中心上来，QFP 器件则在专门的对中台进行对中。

这种对中方法由于是依靠机械动作，因此速度受到限制，同时组件也容易受到损坏，目前这种对中方式已不再使用，取而代之的是光学对中。

贴片机中的光学系统，在工作过程中首先是对 PCB 的位置确认。当 PCB 输送至贴片位置上时，安装在贴片机头部的 CCD，首先通过对 PCB 上所设定的定位标志识别，实现对 PCB 位置的确认。所以通常在设计 PCB 时应设计定位标志。CCD 对定位标志确认后，通过 BUS 反馈给计算机，计算出贴片原点位置误差（ΔX，ΔY），同时反馈给运动控制系统，以实现 PCB 的识别过程。

在对 PCB 位置确认后，接着是对元器件的确认，包括以下几方面：

（1）组件的外形是否与程序一致。

（2）组件中心是否居中。

（3）组件引脚的共面性和形变。

在 SMD 迅速发展的情况下，引脚间距已由早期的 1.27 mm 过渡到 0.5 mm 和 0.3 mm 等，这样仅靠上述两个光学确认还不够，因此在 PCB 设计时还增加了小范围几何位置确认，即在要贴装的细间距 QFP 位置上再增加元器件图像识别标志，确保细间距器件贴装准确无误。

五、贴片头

贴片头是贴片机关键部件，它拾取组件后能在校正系统的控制下自动校正位置，并将元器件准确地贴放到指定的位置。贴片头的发展是贴片机进步的标志，贴片头已由早期的单头机械对中发展到多头光学对中，下列为贴片头的种类形式。

$$贴片头\begin{cases}单头\\多头\begin{cases}固定式\\旋转式\begin{cases}水平旋转式/转塔式\\垂直旋转/转盘式\end{cases}\end{cases}\end{cases}$$

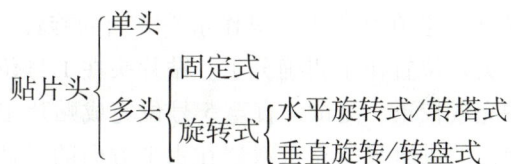

（1）固定单头。早期单头贴片机是由吸嘴、定位爪、定位台和 Z 轴、θ 角运动系统组成的，并固定在 X，Y 传动机构上。当吸嘴吸取一个组件后，通过机械对中机构实现组件对中，并给供料器一个信号（电信号或机械信号），使下一个组件进入吸片位置。但这种方式贴片速度很慢，通常贴放一只片式组件需 1 s。为了提高贴片速度，人们采取增加贴片头数量的方法，即采用多个贴片头来增加贴片速度。

（2）固定式多头。这是通用型贴片机（泛用机）采用的结构，它在原单头的基础上进行了改进，即由单头增加到了 3~6 个贴片头。它们仍然固定在 X，Y 轴上，但不再使用机械对中，而改为多种样式的光学对中。工作时分别吸取元器件，对中后再依次贴放到 PCB 指定的位置上。目前这类机型的贴片速度已达 3 万个组件/小时的水准，而且这类机器价格较低，并可组合联用。

随着贴片头由机械式改为吸嘴式，其吸嘴的技术也相应提高。

①吸嘴的真空系统。吸嘴在吸片时，必须达到一定的真空度，方能判别拾起组件是否正常，当组件侧立或因组件"卡带"未能被吸起时，贴片机将会发出报警信号。

②吸嘴的软着陆。贴片头吸嘴拾起组件并将其贴放到 PCB 上的瞬间，通常采取两种方法贴放，一是根据组件的高度，即事先输入组件的厚度，当贴片头下降到此高度时，真空释放并将组件贴放到焊盘上，采用这种方法有时会因组件厚度的超差，出现贴放过早或过迟的现象，严重时会引起组件移位或"飞片"缺陷；另一种更先进的方法是，吸嘴会根据组件与 PCB 接触的瞬间产生的反作用力，在压力传感器的作用下实现贴放的软着陆，又称为 Z 轴的软着陆，故贴片轻松，不易出现移位与飞片缺陷。

③吸嘴的材料与结构。随着组件的微型化，现已出现 0.6 mm × 0.3 mm 的片式组件，而吸嘴又高速与组件接触，其磨损是非常严重的，特别是高速贴片机中，故吸嘴的材料与结构也越来越受到人们的重视。早期采用合金材料，以后又改为碳纤维耐磨塑料材料，更先进的吸嘴则采用陶瓷材料及金刚石，使吸嘴更耐用。

吸嘴的结构也作了改进，特别是在 0603 组件的贴片中，为了保证吸起的可靠性，在吸嘴上还设置了孔，以保证吸取时的平衡。此外还考虑到，不仅是组件本身尺寸在减小，而且与周围组件的间隙也在减小，因此不仅要能吸起组件，而且要不影响周边组件，故改进后的吸嘴即使组件之间的间隙为 0.15 mm 也能方便贴装。

（3）旋转式多头。高速贴片机多采用旋转式多头结构，目前这种方式的贴片速度已达到 4.5~5 万只/小时。每贴一个组件仅需 0.08 s 左右的时间。

旋转式多头又分为水平旋转式/转塔式与垂直方向旋转/转盘式，现分别介绍如下。

①水平旋转/转塔式。这类机器多见松下、三洋和富士制造的贴片机，以松下 MSR 贴片机为例，原理如下。

这类贴片机中有 16 个贴片头，每个头上有 4~6 个吸嘴，故可以吸放多种大小不同的组件。16 个贴片头固定安装在转塔上，只作水平方向的旋转，习惯上人们称为水平旋转式或转塔式。旋转头各位置作了明确分工。贴片头在 1 号位从送料器上吸起元器件，然后在运动过程中完成校正、测试，直至 5 号位完成贴片工序。由于贴片头是固定旋转，不能移动，组件的供给只能靠送料器在水平方向的运动将所需的贴放组件送到指定的位置。贴放位置则由 PCB 工作台的 X，Y 高速运动来实现。这类贴片机的高速度取决于旋转头的高速运行，在贴片头旋转的过程中，送料器及 PCB 也在同步运行。

②垂直旋转/转盘式贴片头。这类贴片头多见于西门子贴片机，旋转头上安装有 12 个吸嘴，工作时每个吸嘴均吸取组件，并在 CCD 处（固定安装）调整 $\Delta\theta$，吸嘴中均安装有真空传感器和压力传感器。通常此类贴片机中安装 2 组或 4 组旋转头，其中一组旋转头在贴片，而另一组则在吸取组件，然后交换功能，以达到高速贴片的目的。

（4）组合式贴片头。安必昂 FCM 型贴片机，由 16 个独立贴片头组合而成。16 个头可以同时贴放组件，每小时可以贴放 9.6 万个片式元器件，但对于每个贴片头来说，每小时只贴 6 000 个片式组件，仅相当于一台中速机的水平，因此工作时贴片精度高，故障率小，噪声低。对于一个需贴装的产品来说，只要将所贴放的组件按照一定的程序分配到 16 个贴片头上，就能实现均衡组合，并可获得极高的速度。

六、供料器

供料器的作用是将片式元器件 SMC 和 SMD 按照一定规律和顺序提供给贴片头以便准确方便地拾取，它在贴片机中占有较多的数量和位置，也是选择贴片机和安排贴片工艺的重要组成部分。随着贴片速度和精度要求的提高，近几年来，供料器的设计与安装越来越受到人们的重视。根据 SMC 和 SMD 包装的不同，供料器通常有带状、管状、盘状和散料等几种。

1. 带状供料器

（1）带状包装。带状包装在生产中占有较大比例。常见的有电阻、各种电容及各种 SOIC。带状包装由带盘与编带组成，类似电影胶带。

根据材质不同，有纸编带、塑料编带及黏结式编带等，其中，纸编带包装与塑料编带的器件可用同一种带状供料器，而黏结式塑料编带所使用的带状供料器的形式有所不同，但不管哪种材料的包装带，均有相同的结构。

纸编带由基带、底带和带盖组成，其中，基带是纸，而底带和盖带则是塑料薄膜。基带上部有小圆孔，又称同步孔，是供带状送料器上棘轮传动时的定位孔，两孔之间的距离称为步距。矩形孔是装载元器件的料腔，用来装载不同尺寸的组件。W 指带宽，带宽已有标准化尺寸，有 8 mm，12 mm，16 mm，24 mm 和 32 mm。用来装载 0603 以上尺寸组件的同步孔距均为 4 mm，而小于 0603 尺寸的包装带上的同步孔距则为 2 mm，故订购供料器时应加以区别。

塑料编带由基带、盖带和底带组成，均为塑料，同步孔及带宽与纸带类似。

黏结式编带常用于包装尺寸大一些的器件，如 SOIC 等，包装的元器件依靠不干胶黏合在编带上，但编带上有一个长槽，供料器上的专用针形销将组件顶出，以便使元器件在与黏结带脱离时被贴片机的真空吸住。

（2）供料器的运行原理。编带安装在供料器上，编带轮固定在供料器的轴上，编带通过压带装置进入供料槽内。上带与编带基体通过分离板分离，固定到收带轮上，编带基体上的同步孔装入同步棘轮齿上，编带头直至供料器的外端。供料器装入供料站后，贴片头按程序吸取组件并通过"进给滚轮"给手柄一个机械信号，使同步轮转一个角度，使下一个组件送到供料位置上。更先进的供料器具有清洁功能，在带仓打开时，还能瞬时实现对组件的清洁，去除组件上的污染物。上层带通过皮带轮机构将上层带收回卷紧，废基带通过废带通道排除到外面，并定时处理。

（3）供料器的种类。根据驱动同步棘轮的动力来源，带状供料器可分为机械式、电动式和气动式。机械式是棘轮传动结构，它是通过向进给手柄打压驱动同步棘轮前进的，所以称为机械式，而电动式的同步棘轮的运行则是依靠低速直流伺服电机驱动的。此外还有气动式供料器，其同步棘轮的运行依靠微型电磁阀转换来控制。目前供料器以机械式和电动式为多见。

2. 管状供料器

（1）管状包装。许多SMD采用管状包装，它具有轻便、价廉的特点，通常分为两大类：PLCC和SOJ为"丁形脚"，采用的为一种；SOP为"鸥翼脚"，则采用另一种。

（2）Stick供料器。管状供料器的功能是将管子内的器件按顺序送到吸片位置供贴片头吸取。管状供料器的结构形式多种多样，它由电动振动台、定位板等组成。早期仅安装一根管，现在则可以将相同的几个管叠加在一起，以减少换料的时间，也可以将几种不同的Stick并列在一道，实现同时供料，使用时只要调节料架振幅即可以方便地工作。

3. 盘装供料器

盘装又称华夫盘包装，它主要用于QFP器件。通常这类器件引脚精细，极易碰伤，故采用上下托盘将器件的本体夹紧的方式，并保证左右不能移动，便于运输和贴装。

盘状供料器的结构形式有单盘式和多盘式。单盘式供料器是一个矩形不锈钢盘，只要把它放在料位上，用磁条就可以方便地定位。

对于多种QFP器件的供料，则可以通过多盘专用的供料器，现已广泛采用，通常安装在贴片机的后料位上，约占20个8 mm料位，但它却可以为40种不同的QFP同时供料。

较先进的多盘供料器可将托盘分为上下两部分，各容20盘，并能分别控制，更换元器件时，可实现不停机换料。

4. 散装仓储式供料器

散装仓储式供料器是近几年出现的新型供料器。SMC放在专用塑料盒里，每盒装有10 000只组件，不仅可以减少停机时间，而且节约了大量的编带纸。这也意味着节约木柴，故具有"环保概念"。散装供料器的原理是由于它带有一套线性振动轨道，随着轨道的振动，元器件在轨道上排队向前。这种供料器适合矩形和圆形片式组件，但不适用于极性组件。目前最小组件尺寸已做到 1.0 mm×0.5 mm（0402），散装仓储式供料器所占料位与 8 mm 带状包装供料器相同。

目前已开发出带双仓、双道轨的散装仓储式供料器，即一只供料器相当于两只供料器的功能，这意味着在不增加空间的情况下，装料能力提高了一倍。

七、传感器

贴片机中装有多种传感器，如压力传感器、负压传感器和位置传感器，随着贴片机智能化程度的提高，可进行组件电器性能检查，它们像贴片机的眼睛一样，时刻监视机器的正常运转。

4.2.3 贴片机的工作流程

贴片机通过吸取—位移—定位—放置等功能，在不损伤元器件和印制电路板的情况下，按照组装工艺要求，将 SMC、SMD 元件快速而准确地贴装到 PCB 所指定的焊盘位置上。贴片机工作的流程，如图 4-6 所示。

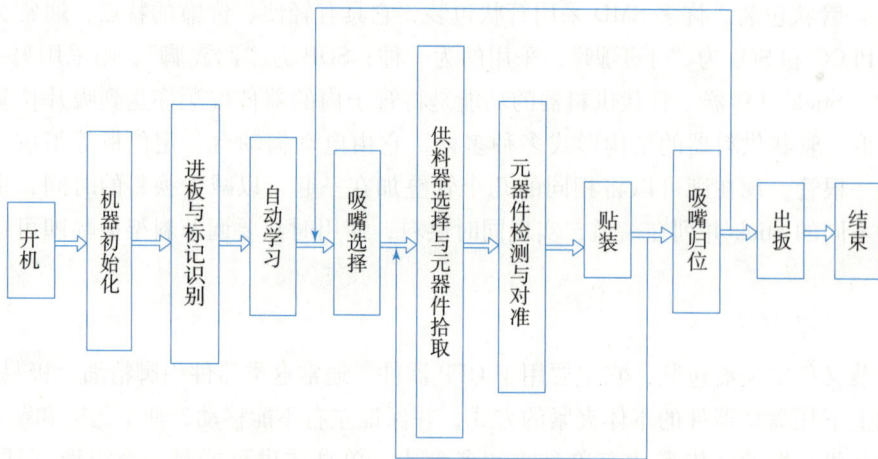

开机 → 机器初始化 → 进板与标记识别 → 自动学习 → 吸嘴选择 → 供料器选择与元器件拾取 → 元器件检测与对准 → 贴装 → 吸嘴归位 → 出板 → 结束

图 4-6 贴片机工作流程

4.2.4 贴片机维护

一、制定有效措施，减少或避免故障发生

1. 加强对机器的日常维护

贴装机是一种很复杂的高技术高精密机器，要求在一个恒定的温度、湿度并且很清洁的环境下工作。必须严格按照设备规定的要求坚持每日、每周、每月、每半年、每一年的维护措施进行日常维护。

2. 对设备操作人员的要求

（1）操作人员应接受一定的 SMT 专业知识和技术培训。

（2）严格按照机器的操作规程进行操作。不允许设备带病操作。发现故障应及时停机，并向技术负责人员或设备维修人员汇报，排除后方可使用。

（3）要求操作人员在操作过程中要精力集中，做到眼勤、耳勤、手勤。

眼勤——观察机器运行过程中有无异常现象，如卷带器不动作、塑料胶带断、不打 INDEL、贴装位置不正等。

耳勤——耳听机器运行过程中有无异常声音，如贴装头的异常声音、丢失元器件异常声音、传输器异常声音、剪刀的异常声音等。

手勤——发现异常现象及时解决，有些小毛病操作人员可以自己解决，如接塑料胶带、重新装配供料器、修正贴装位置、打 INDEX 等。机械和电路出现了毛病，一定要请维修人员检修。

3. 制定减少或避免错误的措施

在贴装过程中，最容易、最多出现的错误和毛病就是贴错元器件和贴装位置不正。因此制定以下措施预防：

（1）供料器编程后，必须有专人核对供料器架各编号位置上的组件值与编程表中相对应的供料器号的元器件值是否一致，如果不一致，必须纠正。

（2）对于带状供料器，贴装完每一盘料再上料时，必须有专人检查核对新上的料盘值是否正确。

（3）贴片编程后，必须编辑一次，核对每个贴装步骤的组件号、贴装头旋转角度及贴装位置是否正确。

（4）每批产品贴装完第一块 PCB 后，必须有专人检验。发现问题应及时通过修改程序等方法纠正。

（5）贴装过程中，经常检查贴装位置正不正、丢失组件多不多等情况。发现问题及时查找原因，并予以排除。

（6）设置焊前检测工位（人工或 AOI）。

总之，贴装机的贴装速度和贴装精度是一定的。如何发挥机器应有的作用，人的因素很重要，要制定切实有效的规章制度和管理措施来保证机器正常运转，保证贴装质量和效率。

二、贴装机的设备维护

应制定定期检查与维护制度。

1. 每天检查

（1）打开贴装机的电源前，查看下列项目。

①温度和湿度：温度在 20 ~ 26 ℃之间，湿度在 45% ~ 70% 之间。

②室内环境：要求空气清洁，无腐蚀性气体。

③确信传输导轨上、贴装头移动范围内无杂物。

④查看固定摄像机上有无杂物，镜头是否清洁。

⑤确信在吸嘴库周围无杂物。

⑥检查吸嘴是否脏，是否变形。

⑦检查编带供料器是否正确地安放在料站中，确信料站上无杂物。

⑧查看空气接头、空气软管等的连接情况。

（2）打开贴装机的电源后，检查下列项目。

如果贴装机的情况或运行不正常，在显示器上会显示错误信息提示。

①在启动系统后，检查菜单屏幕的显示是否正常。

②按下"Servo"开关后，指示灯应变亮。否则关机后重新启动，再将其打开。

③紧急开关能否正常工作。

④检查贴装头是否能正确地返回到起始点（源点）。

⑤检查贴装头移动时，有无异常的噪声。

⑥检查所有贴装头吸嘴的负压是否均在量程内。

⑦检查 PCB 在导轨上运行传输是否顺畅，传感器是否灵敏。

⑧检查边定位、针定位是否正确。

2. 每月检查

（1）清洁 CRT 的屏幕和软盘驱动器。

（2）X，Y 轴——在贴装头移动时，确保 X，Y 轴没有异常噪声。

（3）电缆——确信在电缆和电缆支架上的螺钉没有松动。

（4）空气接头——确信空气接头没有松动。

（5）空气软管——检查管子和连接处。确信空气软管没有出现泄漏。

（6）X，Y 轴电机——确信 X，Y 电机没有不正常地发热。

（7）超程警报——将贴装头沿 X 轴和 Y 轴的正、负方向移动。当贴装头移出正常范围后，警报应响起，贴装头能立即停止运动。报警后采用手动操作菜单，确信贴装头能够运行。

（8）旋转电机——检查定时传动带和齿轮上有无污迹。确保贴装头可以无障碍地旋转，确保贴装头有足够大的转矩。

（9）Z 轴电机——检查贴装头能否上下平滑地移动。用手指向上推吸嘴，查看它的移动是否平滑。使贴装头分别往上和往下移出正常范围，检查警报是否能响起，并且贴装头是否能立即停止。

（10）Z 轴电机（如果有扫描 CCD）——确保扫描头能平滑地运动。

（11）负压——检查所有贴装头的负压。如果负压值不正常，清洁吸嘴轴中的过滤器；如果真空排出管中的过滤器脏（发黑）了，进行更换。

（12）传输导轨——检查传输导轨的运动。检查传送带的松紧程度。检查传送带上有无污迹、刮痕和杂物。检查导轨的自动宽度调节。检查调为最大宽度和最小宽度时的运动情况。在入口和出口处，检查导轨的平行性和 PCB 的传送情况。

（13）PCB 限位器——查看它的运动和噪声。

（14）边夹紧、后顶块、缓冲挡块——查看它们的磨损情况。

（15）吸嘴库上的夹具——查看是否灵活及磨损情况。

（16）摄像机——清洁所有摄像机的镜头和灯盒。

（17）摄像机照明装置——检查它的运动情况和明亮程度。

（18）操作开关——检查在 VO 信号屏幕上，是否所有的制动器能正常工作。检查紧急停止开关。

（19）警报灯——确信所有的灯都能亮。确信它们的安装都很牢固。

（20）危险警报、警示警报——检查它们是否能作响。

（21）摄像机——进行"图像检测"。

（22）拾取点坐标值——检查供料器料站的拾取点坐标值。

（23）贴装位置——确信组件都能被装配到指定的地点。

三、机械部分维护

1. 贴装头

（1）空气通道——为了保证机器的精确性和安装速度，要求定期清洁空气通道（从空气过滤组件到吸嘴托进行吹气）。

（2）空气过滤器——每星期将空气过滤从空气过滤组件中拿出一次，查看其污染情况。如果被灰尘堵塞，将其更换。

2. 吸嘴

（1）清洁——如果有污物（如焊料），堵在吸嘴里，吸气就不会有力。

如果在吸嘴的底面有污物，会造成漏气，同时造成进行图像处理时，系统将不能识别较小的组件。用酒精清洁吸嘴，用吹风机吹去灰尘（一星期至少一次）。平时吸嘴发生堵塞的时候，也要进行清洁。

（2）吸垫的检查——检查橡胶吸垫是否有裂缝和污染。

注意：

①清洁时不要将酒精洒在吸嘴标记上。如果不小心洒上了，要立即将其擦去。

②清洁吸嘴后，一定要再涂上硅酣润滑油。

③将少量硅酣润滑油涂在吸垫的外表面上，然后再用干布擦去润滑油，可防止橡胶吸垫变质。

3. 检查空气压力

检查真空排出管的性能。打开真空阀门，用手指堵住吸嘴顶部，查看负压是否大于 0.08 MPa（600 mmHg）。

4. 润滑

（1）对以下部件每月一次润滑。

①X 轴——X 轴球形螺钉和 X 轴引导器。

②Y 轴——Y 轴引导器、引导轴、球形螺钉及调节螺钉。

③ 传输导轨引导轴。

④贴装头——球形螺杆，线性通路，润滑油孔，多槽轴。

⑤托盘供料器的球形螺钉、滑动组件、多槽轴。

（2）指定的润滑剂。相当于 JISK2220－1980 的 0 级（0 级指的是 25℃时的渗透率 355－385）。

注意：不要使用过多的润滑油，否则在贴装机运转时，会将润滑油溅得到处都是。当润滑油污染传感器时，会造成运行故障。

4. 电器部分

（1）当供料器料站和编带供料器上的电极变脏时，用棉签清洁。

（2）到达传感器、缓冲传感器的传感距离可以适当调节。

（3）处理伺服电动机的警报：当 X，Y，Z 轴电动机出现过载或者发现异常信号时，伺服电动机上的警报就会响起。一旦电动机警报响了，要重新启动，必须关掉贴装机电源，等待 15 s 或更长时间，再打开电源开关。因为伺服电机中放大器上的电流须经 10 s 才消退。

注意：如果不能找出报警原因，必须与设备代理商联系，或请专业维修人员解决，千万不能带病运行。

任务三　回焊炉的运行操作与维护

任务描述

随着电子产业的飞速发展，高集成度、高可靠性已经成为行业的新潮流。在这种趋势的推动下，SMT 在中国也得到了进一步的推广和发展。很多公司在生产和研发中已经大量应用了 SMT 工艺和表面贴装元器件。因此，焊接过程也就无法避免地大量使用回流焊机。

任务分析

在 SMT 中，不可或缺的一环是回流焊。回流焊所需的设备回焊炉，其作用是将置件后的 PCB 通过高温，使附着在 PCB 上的锡膏融化后再冷却，最终使 PCB 经置件后的零件达到稳定结合的设备。

必备知识

4.3.1　回焊炉简介

回焊炉是将置件后的 PCB 板通过高温，使附着在 PCB 板上的锡膏融化后再冷却，最终使 PCB 经置件后的零件达到稳定结合的设备，如图 4 - 7 所示。

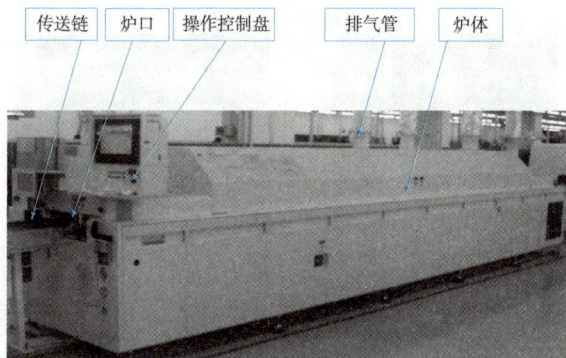

图 4 - 7　回焊炉

4.3.2　回焊炉的基本结构

一、机构组成

回焊炉的机构由操作控制盘、炉体、传送链、炉口、冷却、氮气空气供给及配管、氧气浓度计、活性炭再生、上盖升降、强制排风扇、助焊剂回收装置及附件冷水机组成。

二、温区组成

回焊炉的温区由恒温区、回流区和冷却温区组成，这三大温区在炉内又细分为上部电温区（由 12 个温区组成）和下部电温区（由 10 个温区组成）。

4.3.3　回焊炉的基本操作

操作控制界面如图 4 - 8 所示。

一、开机操作

（1）打开设备主电源开关，如图 4 - 9 所示。

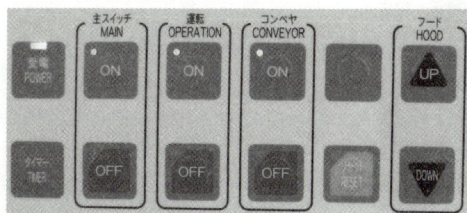

图 4 - 8　操作控制界面

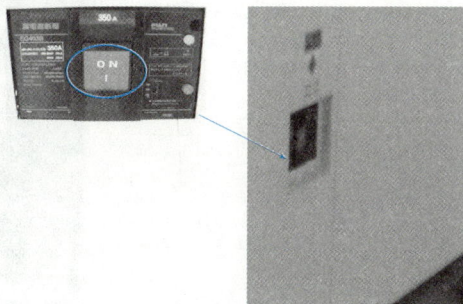

图 4 - 9　电源开关

（2）打开 UPS1（PCB 保护电源）的电源开关，按下此按钮，开启 UPS 电源，如图 4 – 10 所示。

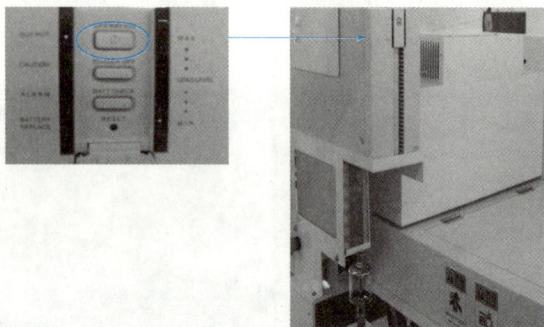

图 4 – 10　UPS1 电源开关

（3）打开显示器操作面板上的 MAIN SWITCH，并置于 ON 状态，如图 4 – 11 所示。

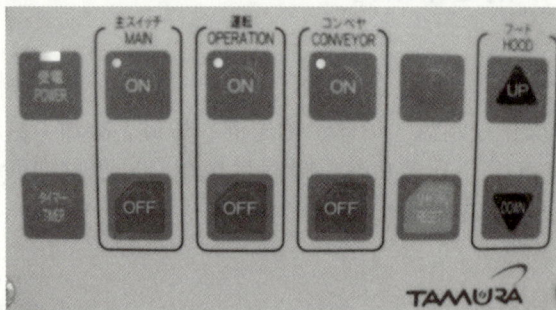

图 4 – 11　显示器操作面板

（4）打开 UPS2（PC 保护电源）的电源开关，待系统启动，按住此 POWER 按钮 3 ~ 5 s，开启 UPS 电源，如图 4 – 12 所示。

图 4 – 12　UPS2 电源开关

（5）直接将 OPERATION 按钮置于 ON 状态，打开加热器电源，如图 4 - 13 所示。

图 4 - 13　打开加热器电源

（6）检查程序是否为当前需要的程序，如是则开机操作结束；若不是当前需要的程序则执行下一步骤。

（7）单击主画面上的"数据管理及设定变更"按钮，进行数据管理，如图 4 - 14 所示。

图 4 - 14　数据管理及设定

（8）单击画面上的"数据调出"按钮，如图 4 - 15 所示。

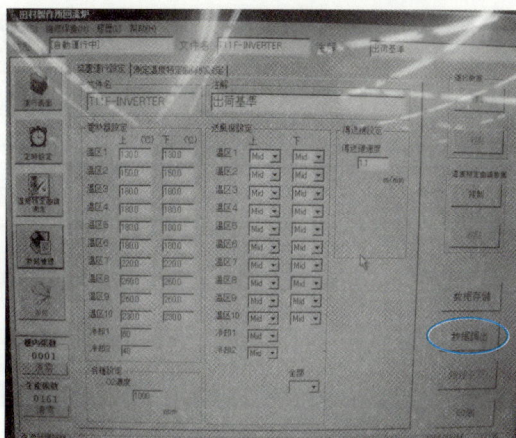

图 4 - 15　数据管理

（9）选择当前需要的生产程序后单击"打开"按钮，选择生产程序并打开，如图 4 – 16 所示。

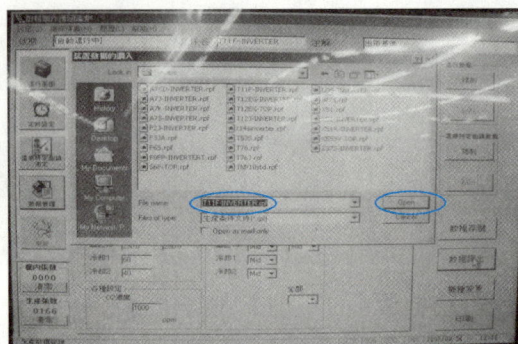

图 4 – 16　选择程序

（10）单击"机种变更"按钮，更换程序，如果无法变更，先清零机内张数再变更，如图 4 – 17 所示。

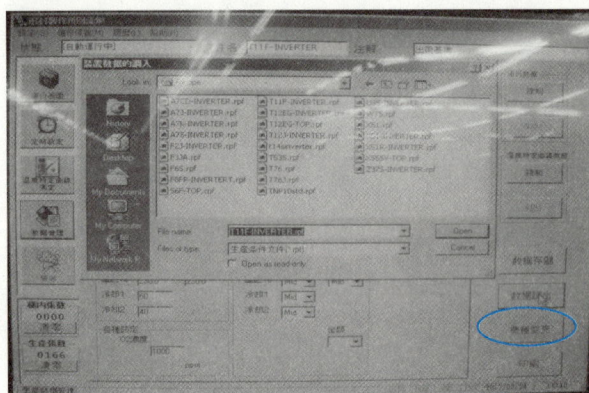

图 4 – 17　更换程序

（11）完成上述程序后再单击运行界面运行，如图 4 – 18 所示。

图 4 – 18　运行界面

二、关机流程

（1）确认炉内无 PCB（在最后一片板进炉后，放置一个空载具过炉，流出炉后确定炉内无板），如图 4-19 所示。

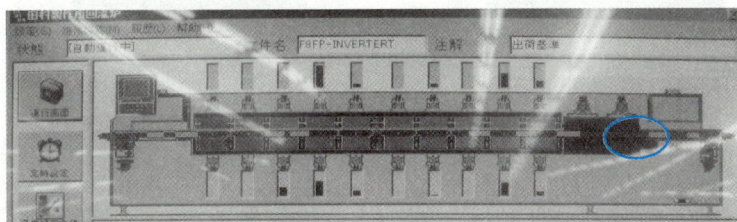

图 4-19　确认炉内无 PCB

（2）将炉内 PCB 张数清零，单击 OK 按钮，如图 4-20 所示。

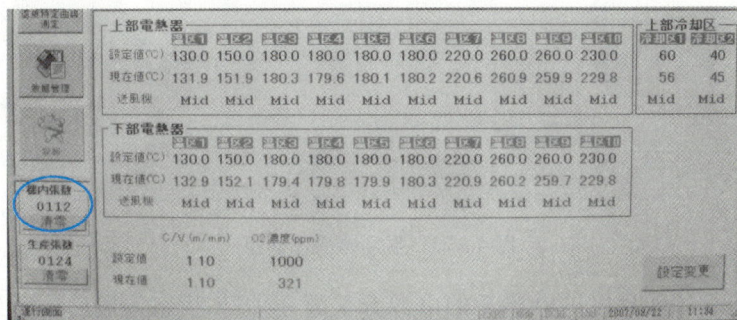

图 4-20　PCB 数目清零

（3）直接将 OPERATION 按钮置于 OFF 状态，单击 OFF 按钮关闭加热器，当单击 OFF 按钮时绿灯闪烁，如图 4-21 所示。

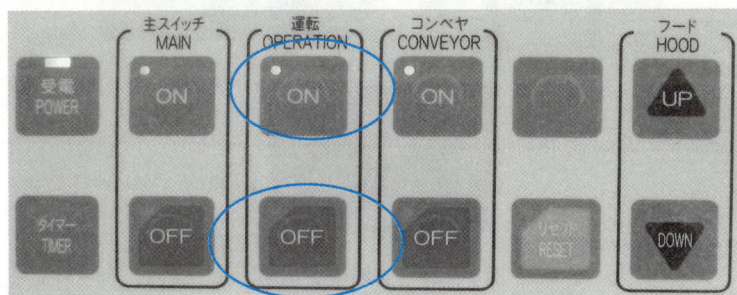

图 4-21　关闭加热器

（4）待炉子自动降温，炉子降温完毕，加热器停止加热。

（5）关闭软件窗口及提示，关闭计算机操作系统，如图 4-22 所示。

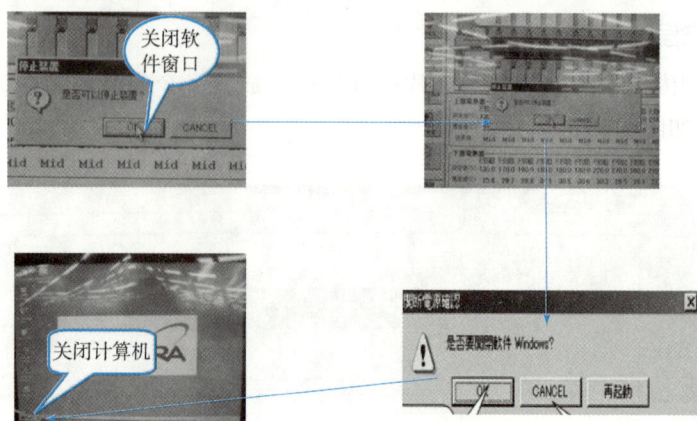

图 4 – 22　关闭计算机

（6）将显示器操作面板上的 MAIN SWITCH 置于 OFF 状态，如图 4 – 23 所示。

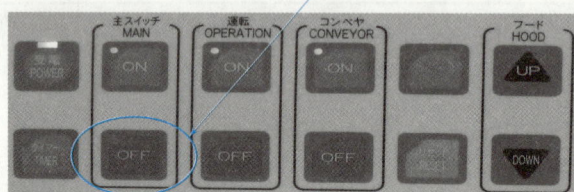

图 4 – 23　显示器操作面板

（7）将 UP1（PCB 保护电源）的电源开关置于 OFF 状态，最后关闭设备主电源（断路器），如图 4 – 24 所示。

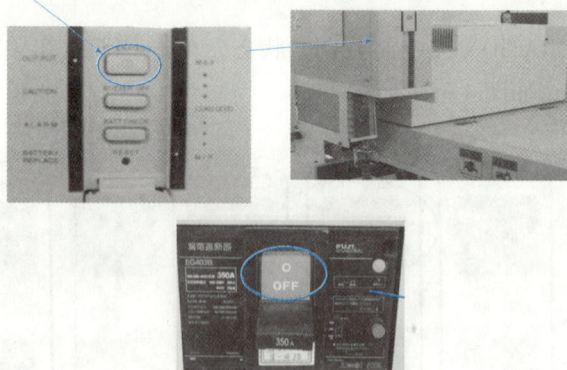

图 4 – 24　关闭设备电源

4.3.4　回焊炉保养维护

一、日保养

保养项目：擦拭机器外壳。

保养工具：织布。

保养方法：用织布擦拭设备的外壳和显示器的表面。

检查判定基准：表面无灰尘。

二、周保养

保养项目：清洁前后迷路，取下擦拭干净，如图4-25所示。

保养工具：溶剂、织布、铲刀、钢刷子、防腐手套及口罩防护眼镜。

保养方法：

（1）将迷路拆下。

（2）在迷路上喷洒溶剂进行稀释。

（3）用铲刀和钢刷清除迷路上的FLUX。

（4）用织布将迷路擦拭干净。

检查判定基准：迷路清洁发亮，无FLUX。

图4-25　清洁前后迷路

注意：请戴上防护眼镜，小心溶剂溅入眼睛。

保养项目：清洁炉膛内部，炉膛内部上方如图4-26所示。

保养工具：织布、溶剂、口罩、防腐手套及防护眼镜。

保养方法：用织布沾上溶剂，将炉膛内部的FLUX擦拭干净。

检查判定基准：检查炉膛内部无FLUX。

注意：

①请戴上手套，小心高温烫伤。

②勿将溶剂直接接触皮肤。

保养项目：清洁冰水机滤网，如图4-27所示。

图4-26　清洁炉膛内部

图4-27　清洁冰水机滤网

保养工具：风枪及口罩。

保养方法：

（1）将滤网从冰水机上拆下来。

（2）用风枪将滤网上的灰尘吹干净。

检查判定基准：滤网上无灰尘，通风良好。

保养项目：清洁冷却区上方回风板及炉堂内部冷却区，如图4-28所示。

保养工具：织布、溶剂、防腐手套、防护眼镜及口罩。

保养方法：用织布沾上溶剂，将回风板上的FLUX擦拭干净。

检查判定基准：检查炉膛内部无FLUX。

注意：

①请戴上口罩，防止FLUX粉尘吸入口中。

②请戴上防护眼镜，小心溶剂溅入眼内。

保养项目：清洁前排风系统，两侧各有一卡钩，打开清洗，如图4-29所示。

图4-28 清洁回风板及炉堂内部

图4-29 清洁前排风

保养工具：喷雾器、溶剂、织布、钢刷、防腐手套、口罩及防护眼镜。

保养方法：

（1）将排风系统处的卡钩打开。

（2）取下排风罩子。

（3）用喷雾器向排风罩子内喷洒溶剂进行溶解。

（4）用钢刷将内部的FLUX洗刷干净。

（5）用织布将排风系统擦拭干净。

检查判定基准：排风罩内无FLUX，无溶剂，罩壳发亮。

注意：请戴上防护眼镜，小心溶剂溅入眼内。

保养项目：清洁N_2取样吸取样管，如图4-30所示。

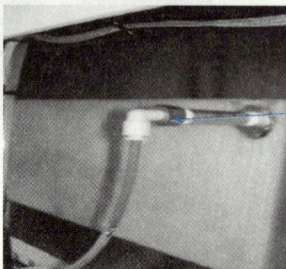

图4-30 清洁N2取样吸取样管

保养工具：活动扳手、尼龙刷子及手套。

保养方法：

（1）用活动扳手将取样口处的管子拧开，直接把气管拔出。

（2）用尼龙刷子将管内的污垢清理干净。

（3）将取样管拆开，用尼龙刷子将管内的污垢清理干净。

检查判定基准：取样口处的管子内无异物；取样管内滤心无变色。

保养项目：清除 FLUX 回收槽内的 FLUX（回收槽前后各一个），及两个排气管（前后共4个），如图4-31所示。

图4-31　清除 FLUX 回收槽内的 FLUX

保养工具：铲刀、溶剂、钢刷、织布、防腐手套、口罩及防护眼镜。

保养方法：

（1）将回收槽的盖子打开。

（2）将 FLUX 回收槽从设备上取出来。

（3）将溶剂倒入槽中进行浸泡。

（4）用铲刀和钢刷清除内部的 FLUX。

（5）用织布将槽内部擦拭干净。

（6）拆出排气管，浸泡清洗干净。

检查判定基准：槽内无色变，明亮。

注意：

①密封条不可用溶剂擦拭。

②请戴上防护眼镜，小心溶剂溅入眼内。

保养项目：更换 N_2 滤心，如图4-32所示。

保养工具：滤心。

保养方法：将发黄的滤心拧下来，更换一个新的滤心。

检查判定基准：滤心洁白，无色变。

注意：

①密封圈不可以变形或损坏。

②保养前一定要先关闭氮气阀门。左边是空气（已关闭），右边为氮气阀门（未关）。

保养项目：更换含氧分析仪取样滤心，如图4-33所示。

图4-32　更改 N₂ 滤心　　　　　　　图4-33　更换含氧分析仪取样滤心

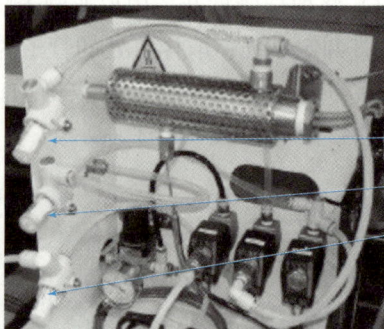

保养工具：滤心。

保养方法：将发黄的滤芯拧下来，更换一个新的滤心。

检查判定基准：滤心洁白，无色变。

注意：密封圈不可以变形或损坏。

3. 月保养

保养项目：清洁前后回收 FLUX 箱，前后回收箱 FLUX 回收装置内部清洗，两侧各有两个卡口，如图4-34所示。

图4-34　清洁前后回收 FLUX 箱

保养工具：铲刀、溶剂、口罩、防腐手套、防护眼镜、钢刷及织布。

保养方法：

（1）拔下风扇组电源，取下风扇。

（2）将回收箱的卡钩打开。

（3）取底部的 FLUX 回收箱。

（4）将溶剂倒入回收箱中进行浸泡。

（5）用钢刷和铲刀将里面的 FLUX 清理干净。

（6）用织布将回收箱擦拭干净。

检查判定基准：槽内无色变，明亮。

注意：

①防漏密封条不可用溶剂擦拭。

②请戴上防护眼镜，小心溶剂溅入眼内。

③请戴上防腐手套，不可以将溶剂直接接触皮肤。

保养项目：清洁前后迷路底座，如图4-35所示。

图4-35　清洁前后迷路底座

保养工具：铲刀、溶剂、口罩、防腐手套、防护眼镜、钢刷及织布。

保养方法：

（1）将迷路拆除。

（2）将迷路底座从设备中抽出来。

（3）将溶剂倒入回收箱中进行浸泡。

（4）用钢刷和铲刀将里面的FLUX清理干净。

（5）用织布将回收箱擦拭干净。

（6）将迷路装上。

检查判定基准：底座槽内无色变，明亮。

注意：

①请戴上防护眼镜，小心溶剂溅入眼内。

②请戴上防腐手套，不可以将溶剂直接接触皮肤。

保养项目：清洁冰水排上方遮板，如图4-36所示。

保养工具：吸尘器及口罩。

保养方法：用吸尘器将遮板上的灰尘吸附干净。

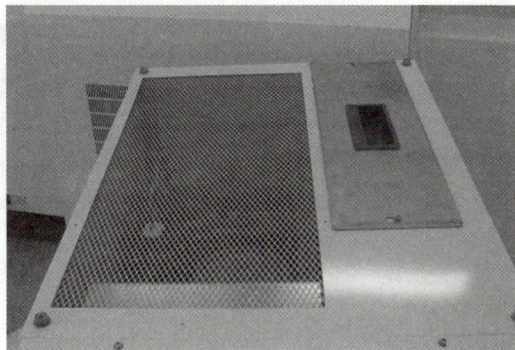

图4-36　清洁冰水排上方遮板

检查判定基准：遮蔽板网孔上无灰尘。

保养项目：添加链条高温油并润滑，如图 4 - 37 所示。

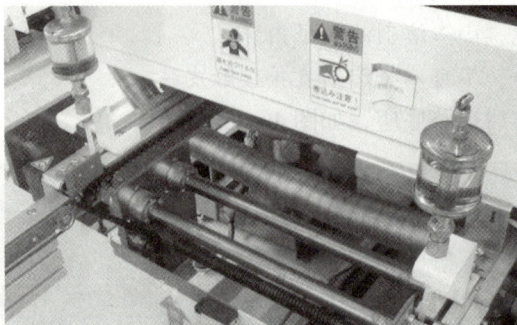

图 4 - 37　添加链条高温油并润滑

保养工具：高温链条油。

保养方法：

（1）将油杯顶部加油口的盖板拧开，露出加油口。

（2）将高温润滑油缓慢倒入油杯中。

（3）将加油阀门打开，让油缓慢滴落在链条上进行加油（调节螺母松紧变更滴油速度）。

检查判定基准：链条上有油的痕迹但不会下滴。

注意：

①加油速度不宜过快，油滴在链条上不会滴落到地上。

②时间不宜过长，阀门打开运行半小时后关闭。

保养项目：润滑各传动轴。

（1）润滑进口处的传动轴导杆，清洁并加润滑油，如图 4 - 38 所示。

图 4 - 38　润滑传动轴导杆

（2）润滑炉膛内部的宽度传动齿轮轴，炉膛内部清洁并加高温润滑油，如图 4 - 39 所示。

（3）清洁出口处的调节螺杆、传动轴并加润滑油。炉膛外部出口处清洁并加润滑油，如图4-40所示。

图4-39　炉堂内部清洁并加高温润滑油

图4-40　炉堂外部出口处清洁并加润滑油

（4）清洁链条速度计部位的传动轴并加润滑油，链条传动轴的清洁及加润滑油，炉膛开关导杆、螺杆的清洁及加润滑油。

（5）炉膛开关导杆，螺杆的清洁及润滑，如图4-41所示。

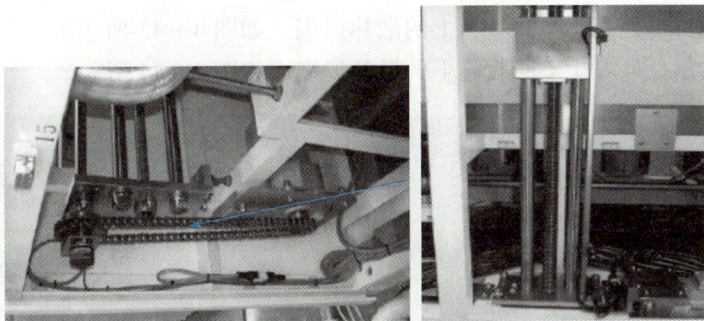

图4-41　螺杆的清洁及润滑

保养工具：织布、普通润滑油脂、高温润滑油脂及袖套。

保养方法：

（1）将设备停止转动。

（2）用织布清除各传动部位的污油。

（3）在进口处传动轴、出口处传动轴、链条速度计部位传动轴和炉膛开关传动轴部位加普通润滑油脂。

（4）在炉膛内部的宽度传动轴上加高温润滑油脂。

检查判定基准：各行动轴上无污油，且各传动轴上有薄薄的一层油脂。

注意：

①请戴上手套，小心高温烫伤。

②保养前请先停止链条运转，防止卷入受伤。

保养项目：清洁所有的散热风扇，如图4-42所示。

（1）清洁UPS上的散热风扇。

①先用螺丝刀将固定螺钉拧开。

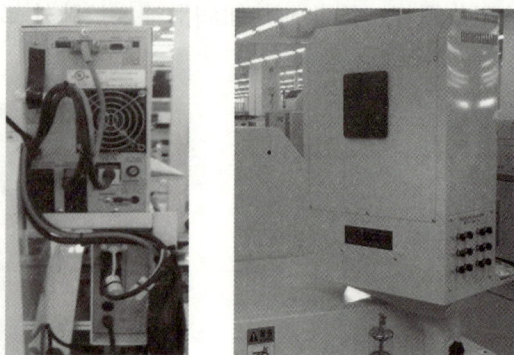

图 4 - 42　清洁散热风扇

②取下防尘罩，并用风枪将灰尘吹净。

（2）显示器散热风扇清洁如下：

①取下防尘罩。

②用风枪将灰尘吹净。

（3）清洁进口处 FLUX 回收箱上的散热风扇，如图 4 - 43 所示。

（4）清洁出口处 FLUX 回收箱上的散热风扇，如图 4 - 44 所示。

图4 - 43　清洁进口处 FLUX 回收箱上的散热风扇　图 4 - 44　清洁出口处 FLUX 回收箱上的散热风扇

保养工具：螺丝刀、风枪、溶剂槽、溶剂、织布、防护眼镜及口罩。

保养方法：

（1）将风扇的固定装置取下。

（2）取下风扇的防尘罩。

（3）用风枪将防尘罩吹净（可用溶剂浸泡）。

（4）用织布将风扇的扇叶擦拭干净。

检查判定基准：风扇扇叶上无异物，防尘罩上无灰尘。

注意：

①请戴上防护眼镜，小心溶剂溅入眼内。

②请戴上防腐手套，不可以将溶剂直接接触皮肤。

备注：①周保养部分的项目在月保养中也应一起保养。②各部位具体保养时间见保养表。③保养时须将总电源关闭。

实训项目　SMT 生产线组装电子产品

实训目的

掌握 SMT 生产线的组成及各组成设备的功能，学会元器件的手工贴装，掌握锡膏印刷机、贴片机、回流焊机的使用，为就业作准备。在实训过程中，培养学生团队合作、探索创新的职业素养，培养学生解决实际问题的能力。

实训要求

（1）实训设备：锡膏搅拌机、锡膏印刷机、贴片机、回流焊机。

（2）实训器材：锡膏、焊锡丝、松香、电烙铁、四路抢答器套件及智能播放机套件。

实训内容

一、SMT 基础知识的学习

SMT 的概述和回顾；SMT 与 THT（通孔组装技术）比较；SMT 的优点；SMT 的主要组成、工艺构成；SMT 的主要设备（印刷机、贴片机、回流焊炉）；常用基本术语的学习。

二、锡膏印刷机的使用方法

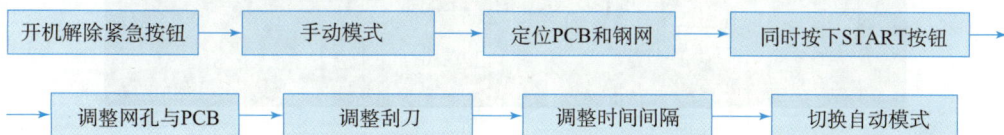

开机解除紧急按钮	→	手动模式	→	定位PCB和钢网	→	同时按下START按钮	→

→	调整网孔与PCB	→	调整刮刀	→	调整时间间隔	→	切换自动模式

三、贴片机的使用方法

＊＊贴装应进行下列项目的检查＊＊

开机	·把印好锡膏的PCB放入传送带
载入PCB	·新建文件 ·清除前一个使用过的文件
设置PCB	·PCB定位装置、针定位，吸嘴自动检测
参考点设置	·将两个参考点分别设在PCB左下角和右上角两个圆润的通孔上，并获得成像
取料设置	·设置Feeder和元器件的型号，元器件位置的设定
放料设置	·选择Feeder，设置贴片坐标。设定下一个按copy键，再重新设定参数、位置
自动生产	·如有元器件生产失败，按重新生产即可
载出PCB	·贴片完成

（1）元器件的可焊性、引线共面性及包装形式。

（2）PCB 尺寸、外观、翘曲、可焊性及阻焊膜（绿油）。

（3）Feeder 位置的元件规格核对。

（4）是否需要人工贴装元器件或临时不贴元器件、加贴元器件。

（5）Feeder 与元件包装规格是否一致。

（6）检查所贴装元件是否有偏移等缺陷，对偏移元件要进行位置调整。

（7）检查贴装率，并对元件与贴片头进行时时监控。

四、收音机制作

收音机电路板如图 4 – 45 所示。

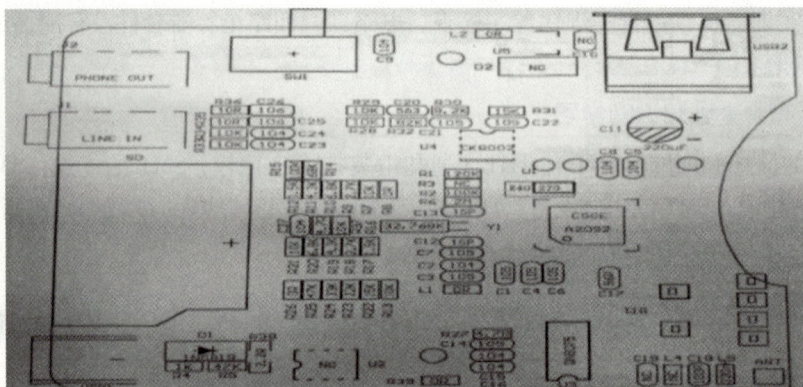

图 4 – 45　收音机电路板

1. 调试前的检查

（1）有无缺少零件。

（2）各焊点是否合格，有无虚焊、短路、错位、装反、焊盘脱落、烫坏元器件等情况。

（3）有无装错元器件（含参数不同的）。

（4）所有接插件有无虚焊、歪斜等情况。

2. 调试顺序及项目

（1）通电。先断开收音机电源开关，通过微型 USB 插口，给电路板加上直流 5 V 电压，观察红色指示灯是否正常发光。

（2）开机收音。对于红色充电指示灯正常发光的电路板，可打开收音机电源开关，正常情况下 LED 显示屏进行扫描，最后停留显示 FM 收音、频率 87.5 MHz 的位置，此时长按"暂停/播放"按键（K3），待电路板开始自动搜索电台并储存，说明电路板的收音机功能基本正常。

（3）测试 TF 卡的功能。先检查电路板的电源开关是否断开，在开关断开的情况下，将录有数百首 MP3 音乐的 TF 卡插入电路板 TF 卡插槽内，通过微型 USB 插口，给电路板加上直流 5 V 电压，打开收音机电源开关，此时 LED 显示屏进行扫描，最后停留显示 LORD 的位置，或者按"微型 USB 插口功能选择"开关后，进入显示 LORD 的位置，并开始显示计时，说明已经开始放音；这时，按"1""2"键等进行音乐的寻找并开始播放。

（4）测试 SD 卡的功能。与测试 TF 卡功能的方法基本一致。

（5）测试 USB 插座的功能。与测试 TF 卡功能的方法基本一致。

（6）测试收音机及功率放大功能。给电路板加上天线，接上喇叭，通过微型 USB 插口，给电路板加上直流 5 V 电压，打开收音机电源开关，此时 LED 显示屏进行扫描，最后停留显示 FM 收音、频率 87.5 MHz 的位置，此时长按"暂停/播放"按键（K3），待电路板开始自动搜索电台并储存，说明电路板的收音机功能基本正常；待收音机存储到 10 个电台后，按"上（下）一曲"按键，收音机进入上（下）一个电台，自动搜索电台并储存功能正常。

（7）测试功能转换的功能。在上一步的基础上，同时将 SD 卡、TF 卡、U 盘插入，打开收音机电源开关，按"功能转换"按键（K16），收音机将进行各功能的相互转换，LED 屏给出相应的显示，说明功能正常。

（8）充电功能的测试。用充电器和电池分别进行测试。

（9）耳机输出及线路输入的调试。插上耳机进行测试；将手机和收音机连在一起进行功放测试。

3. 故障原因及其处理方法

（1）部分元器件虚焊。用热风枪加热将各个引脚焊接好。

（2）部分元件经过回流焊后引脚短路。用导线将多余的焊锡粘掉。

（3）音量调到最大会引起复位。应该是电流不足导致的，播放音乐时不要把音量调到最大。

半成品和成品如图 4 - 46 所示。

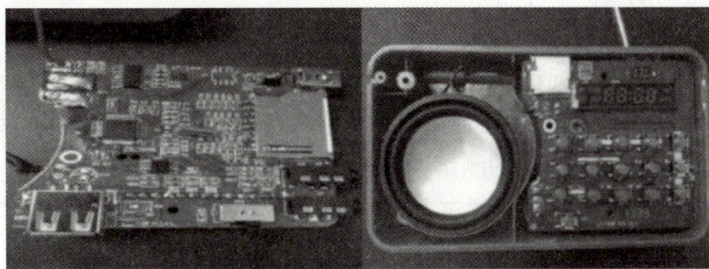

图 4 - 46　收音机半成品及成品

知识拓展

1. 焊膏的贮存及使用

目的：掌握焊锡膏的贮存及正确使用方法。

使用范围：SMT 车间。

焊锡膏的贮存：

（1）焊锡膏的有效期：0～10 ℃密封保存时，有效期为 6 个月（注：新进锡膏在放冰箱之前贴好状态标签，注明日期，并填写锡膏进出管制表）。

（2）焊锡膏启封后，放置时间不得超过 24 小时。

（3）生产结束或因故停止印刷时，网板上剩余锡膏放置时间（即印刷间隔时间）不得超过 1 小时。

（4）停止印刷不再使用时，应将剩余锡膏单独用干净瓶装，并密封、冷藏，剩余锡膏只能连续用一次，再剩余时则作报废处理。

焊锡膏使用方法

（1）回温。将原装锡膏瓶从冰箱取出后，在室温 23 ℃±5 ℃条件下放置时间不得少于 4 小时，以充分回温至室温温度，并在锡膏瓶上的状态标签纸上写明取出时间，同时填好锡膏进出管制表。

（2）搅拌。用搅拌刀（手工）按同一方向搅拌 5～10 min，以合金粉与焊剂搅拌均匀为准。

（3）使用环境。温度为：23 ℃±5 ℃，湿度为 40%～80%。

（4）使用投入量。半自动印刷机，印刷时钢网上锡膏成柱状体滚动，直径为 1～1.5 cm 即可。

（5）使用原则：

①使用锡膏一定要优先使用回收锡膏并且只能使用一次，再剩余的作报废处理。

②锡膏使用原则：先进先用（使用第一次剩余的锡膏时必须与新锡膏混合，新旧锡膏混合比例至少为 1∶1（新锡膏占比例较大为好，且为同型号同批次）。

③生产过程中添加锡膏时应遵循"少量多次"的原则，并根据情况回收印刷边际溢出锡膏，设定周期频次。

（6）注意事项：

①做好有铅无铅区域标识，进行分层管理。

②冰箱必须 24 小时通电，且温度严格控制在 0～10 ℃，并且由带班线长负责每天早 7∶00、晚 19∶00 冰箱温度的测量，填写 SMT 冰箱温度监测表。

③机器搅拌锡膏的时间不可超过 3 min。

④锡膏印刷到 PCB 上未在规定时间内进行贴装的须清洗后重新印刷。

⑤禁止使用热风器及其他设备加速焊膏回温过程。

⑥焊膏尽量避免长时间暴露在空气中。

⑦使用焊膏时应遵循"先入先出、开瓶用完"的原则。

⑧整个锡膏的管控过程要在各种监控状态管制表中明确体现出来。

2. 网板的管理及使用

目的：规范 SMT 线锡膏/贴片胶印刷网板制作、使用、验证、管理等工作，满足生产的需要，确保产品品质。

使用范围：SMT 车间。

术语和定义：

网板：SMT 生产线用于在基板上（如 PCB、FPC 等）印刷焊锡膏或贴片胶的钢性漏板。

网板的使用维护管理：

（1）印刷机操作员负责每批次网板的正确领用、维护及状态标识，并且准确填写《SMT 印刷网板使用记录》。每批投生产完毕后需要待网板清洁干净，并放到指定区域（规定的工具架或工具柜中）。

（2）激光切割式网板规定其使用次数为 10 万次。

（3）SMT 车间每天使用前需进行首件确认，并累计每日使用次数，网板每使用 3 万次须进行一次系统的周期检验。

（4）网板使用次数超过 10 万次应停止使用，技术部门组织品质、生产相关工程师进行评审确认，若不能满足产品工艺要求，将进行报废处理；若评审验证能够完全满足产品工艺要求，可继续使用 3 万次。

（5）当使用次数累计超过 13 万次后，由生产部门打报废申请，即使技术部门确认能够满足产品工艺的需求，为更好地保证产品质量，也将进行强制报废处理。

（6）网板清洗具体步骤如下：将网板用短毛刷蘸无水酒精清洗干净，用气枪吹干净并确认。清洗干净的网板存放于网板柜架内。

（7）网板在使用过程中应定期用网板纸进行自动清洗擦拭，不同产品清洗擦拭的频次也不同。通常设定参考如下：

元件引脚小于等于 0.5 mm 或 PCB 最小焊盘尺寸小于等于 0.35 mm 时，每印刷 3 ~ 5 块拼板擦拭一次；

元件引脚大于等于 0.5 mm 或 PCB 最小焊盘尺寸大于等于 0.35 mm 时，每印刷 8 ~ 12 块拼板擦拭一次。

3. 印刷工序作业指导书

准备工作：

（1）清洁工作台面和所需工具，将物品按规定位置摆放。

（2）根据产品型号选择网板。

（3）将自然放置的焊膏用锡膏搅拌刀搅拌 2 ~ 3 min 或使用锡膏搅拌机搅拌以使助焊剂均匀。

（4）领取的 PCB 使用前必须用烘箱烘过，烘箱温度调节到 100 ℃，烘 20 ~ 30 分钟即可。

操作：

（1）根据操作规程进行设备运行前的检查和开机工作。

（2）将 PCB（PCB 变形不能满足生产时需加托板）放到上料框上。

（3）按照网板箭头的指向将网板放置到印刷机上。

（4）根据生产的产品选择相应的印刷程序，进入调校模式进行网板校准，调试好印刷状态。

（5）印刷调节：调节印刷速度、压力和角度，使印刷到 PCB 焊盘上的焊膏量均匀。

（6）首件需技术员确认，合格后批量生产。

（7）印刷完的每 30 张板需检查员进行检查，合格后送入贴片机中。

（8）操作完毕，将网板取下并进行清洁；按操作规程进行关机，并清洁工作台面。

环保和环境要求：

（1）对焊膏操作时，应戴橡胶手套或一次性手套；如不慎将焊膏粘到皮肤上，应立刻用酒精、洗手液清洗，再用大量水清洗干净。

（2）作业完剩余的焊膏、用过的网板擦拭纸和一次性手套要统一按照环境法规相关规定处理。

（3）设备、工装、工具使用前应进行清洁，特别是无铅产品加工前特别要注意现场的环保状态。

质量要求：

印刷到 PCB 焊盘上的焊膏应成形，且焊膏量均匀，无塌陷、拉尖、无漏印、偏离焊盘等现象。

注意事项：

（1）作业过程中身体严禁伸入机器。

（2）焊膏印刷到基板上到进入回流焊的最长时间不超过 4 小时。

（3）操作前应检查刮刀的完好性。

4. 回流焊工序作业指导书

准备工作：

（1）按《设备操作规程》中的准备要求做好设备运行前的检查工作。

（2）戴好防静电护腕，准备工作。

操作：

（1）按《设备操作规程》中的操作步骤进行设备的操作。

（2）对已有产品可进行如下操作：打开主机，对应产品型号调出文件名称（程序选择见附页列表），再进行首件确认。首件确认按如下步骤：调出程序，待焊接炉实际温度上升到设定温度后，用炉温测试仪进行温度确认，确认合格后将一板待焊 PCB 放至回流焊内进行焊接，不合格时对回流焊参数进行调试，直至合格。焊接完毕，由技术员对首件进行确认，首件合格，进行批量生产；首件不合格，由技术员对回流焊各项参数进行再确认，直至合格后再进行批量生产。

（3）生产完毕，退出程序，关闭计算机及电源开关，并填写"热风回流焊接机使用记录"。

环保和环境要求：

（1）生产用的辅料符合 ROHS。

（2）设备、工装、工具使用前应进行清洁。

质量要求：

（1）焊接后的元件不能有虚焊、漏焊、立碑、桥连等不良现象，对于出现焊接不良的 PCB，要用油笔或箭头标签标出。

（2）焊点要求光亮，焊锡与元件、PCB 浸润性良好。

注意事项：

（1）当有工件卡在传送带中或出现紧急故障时，应及时按下"紧急制动"按钮，关闭电源开关，停止运转。

（2）对于焊接炉温度，要求每换一次产品和班次做一次检查。

项目五

SMT产品可靠性检测

学习指南

本项目共18课时，其中理论14课时，实训4课时。内容主要包括来料检测、SMT工艺过程检测和组件清洗与检修。学习内容和要求如下。

（1）能对PCB外观及设计规范进行检查。

（2）能对元器件种类、型号尺寸及参数进行检查。

（3）能正确选用焊料、助焊剂。

（4）对印刷故障和质量不合格产品进行分析、判断，并进行改善。

（5）能熟练判断、分析贴装质量故障，并进行改善。

（6）能判断焊接质量合格与否，对焊接故障进行分析，并采取改善措施。

（7）能按照工艺要求，对元器件特别是对细间距器件热敏、湿敏元器件进行补装焊接。

（8）能借助放大装置，目视检查焊点质量，并进行判断和评价。

（9）能借助专业检测设备对印制板组装质量进行检查，特别是对BGA，CSP等细间距器件进行质量的检查及故障分析，并判别。

（10）能熟练操作返修设备或工具，拆卸不良焊点元器件，并重新组装元器件。

目前电子产品的微小型化，必然使元器件也不断地朝着微小型化方向发展，引脚间距现朝着0.1 mm甚至更小的尺寸发展，布线也越来越密，BGA，CSP，FC的使用也越来越多，SMA组件也越来越复杂。这一切对用SMT生产的产品质量检测技术提出了非常高的要求。

思 维 导 图

```
                        SMT产品可靠性检测
          ┌─────────────────┼─────────────────┐
        来料              SMT工              组件清
        检测              艺过程             洗与返
                          检测               修
   ┌────┬────┬────┬────┐      ┌────┬────┐      ┌────┬────┬────┐
 PCB来  元器件  焊膏的  焊剂的  锡膏印  元器件  回流焊  不良   溶剂法  SMT不
 料检测 的来料  来料检  来料检  刷检测  贴片检  焊接检  SMT   清洗的  良品返
        检测    测      测            测      测      PCB的  工艺流  修
                                             清洗    程
```

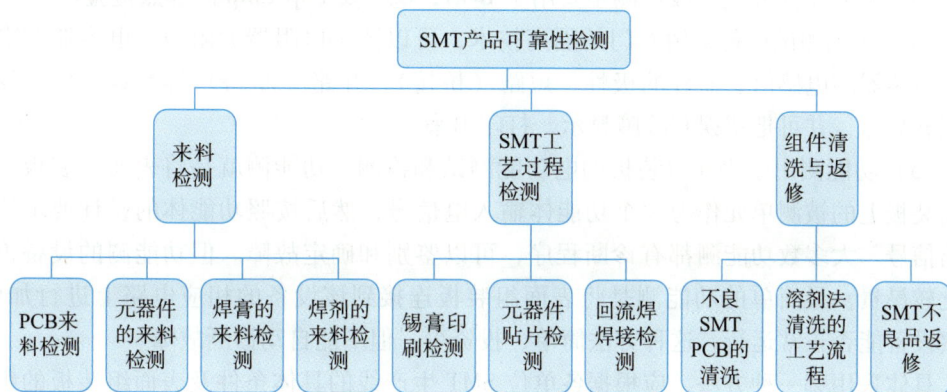

任务一　来料检测

任 务 描 述

　　检测是保障 SMA 可靠性的重要环节。随着 SMT 的发展和 SMA 组装密度的提高，以及电路图形的细线化、SMD 的细间距化、器件引脚的不可视化等特征的增强，给 SMT 产品的质量控制和相应的检测工作带来了许多新的难题。同时，也使得在 SMT 工艺过程中采用合适的可测试性设计方法和检测方法显得越来越重要。SMT 检测技术的内容很丰富，基本内容包括：原材料来料检测、工艺过程检测和组装后的组件检测等。

任 务 分 析

　　原材料来料检测包含 PCB 和元器件的检测，以及焊膏、焊剂等所有 SMT 组装工艺材料的检测。

必 备 知 识

5.1.1　检测方法

　　检测方法主要有目视检测、自动光学检测（AOI）、X 光检测和超声波检测、在线测、功能测等。

　　（1）目视检测是指直接用肉眼或借助放大镜、显微镜等工具检验组装质量的方法。

（2）自动光学检测（AOI）主要用于工序检测、印刷机后的焊膏印刷质量检测、贴装后的贴装质量检测以及回流焊炉后的焊后检测。自动光学检测用来替代目视检测。

（3）X光检测和超声波检测主要用于 BGA，CSP 及 Flip Chip 的焊点检验。

（4）在线测试设备采用专门的隔离技术，可以测试电阻器的阻值、电容器的电容值、电感器的电感值、器件的极性、短路（桥接）、开路（断路）等参数，自动诊断错误和故障，并可把错误和故障显示、打印出来。

（5）功能测用于表面组装板的电功能测试和检测。功能测就是将表面组装板或表面组装板上的被测单元作为一个功能体输入电信号，然后按照功能体的设计要求检测输出信号。大多数功能测都有诊断程序，可以鉴别和确定故障。但功能测的设备价格都比较昂贵。最简单的功能测是将表面组装板连接到该设备的相应电路上进行加电，观察设备能否正常运行，这种方法简单、投资少，但不能自动诊断故障。

具体采用哪一种方法，应根据各单位 SMT 生产线的具体条件及表面组装板的组装密度而定。

5.1.2　来料检测

来料检测是保证表面组装质量的首要条件，元器件、印制电路板、表面组装材料的质量直接影响表面组装板的组装质量。因此，对元器件电性能参数及焊接端头、引脚的可焊性，印制电路板的可生产性设计及焊盘的可焊性，焊膏、贴片胶、棒状焊料、焊剂、清洗剂等表面组装材料的质量都要有严格的来料检测和管理制度，如表5-1所示。

表5-1　来料检测及管理制度

来料	检测项目		一般要求	检测方法
元器件	可焊性	235 ℃ ±5 ℃，2 s±0.2 s 元件焊端90%沾锡		润湿和浸渍试验
	引线共面性		小于0.1 mm	光学平面和贴装机共面性检查
	性能			抽样，仪器检查
PCB	尺寸与外观			目检
	翘曲度		小于0.0075 mm/mm	平面测量
	可焊性			旋转浸渍等
	阻焊膜附着力			热应力试验
工艺	焊膏	金属百分含量	75%~91%	加热称量法
		焊料球尺寸	1~4 级	测量显微镜
		金属粉末含氧量		
		黏度，工艺性		旋转式黏度剂，印刷，滴涂
	黏结性	黏结强度		拉力，扭力计
		工艺性		印刷，滴涂试验

续表

来料		检测项目	一般要求	检测方法
材料	棒状焊料	杂质含量		光谱分析
	助焊剂	活性		铜镜，焊接
		比重	79～82	比重计
		免洗或可清洗性		目测
	清洗剂	清洗能力		清洗试验，测量清洁度
		对人和环境有害	安全无害	化学成分分析鉴定

1. PCB 来料检测

（1）PCB 的焊盘图形及尺寸、阻焊膜、丝网、导通孔的设置应符合 SMT 印制电路板设计要求。

（2）PCB 的外形尺寸应一致，PCB 的外形尺寸、定位孔、基准标志等应满足生产线设备的要求。

（3）PCB 翘曲度标准。

用于表面贴装印制板的允许最大翘曲和扭曲为 0.75%。目前，不管双层板还是多层板，1.6 mm 厚的板，通常翘曲和扭曲为 0.70%～0.75%。

（4）检查 PCB 是否被污染或受潮。

2. 元器件的来料检测

元器件主要检测项目包括可焊性、引脚共面性和使用性，且应由检验部门作抽样检验。元器件可焊性的检测可用不锈钢镊子夹住元器件体浸入 235 ℃±5 ℃或 230 ℃±5 ℃的锡锅中，2 s±0.2 s 或 3 s±0.5 s 时取出，在 20 倍显微镜下检查焊端的沾锡情况。要求元器件焊端 90% 沾锡。

加工车间可做以下外观检查。

（1）目视或用放大镜检查元器件的焊端或引脚表面是否氧化、有无污染物。

（2）元器件的标称值、规格、型号、精度、外形尺寸等应与产品工艺要求相符。

（3）SOT，SOIC 的引脚不能变形，对引线间距为 0.65 mm 以下的多引线器件 QFP，其引脚共面性应小于 0.1 mm（可通过贴装机光学检测）。

（4）要求清洗的产品，清洗后元器件的标记不脱落，且不影响元器件性能和可靠性（清洗后目检）。

3. 焊膏的来料检测

焊膏来料检测的主要内容包括金属百分含量、焊料球、黏度、金属粉末氧化物含量等。

（1）金属百分含量。在 SMT 的应用中，通常要求焊膏中的金属百分含量在 85%～92% 范围内，常采用的检测方法和程序为：①取焊膏样品 0.1 g 放入坩埚；②加热坩埚和焊膏；③使金属固化并清除焊剂剩余物；④称量金属重量：金属百分含量金属重量/焊膏重量×100%。

（2）焊料球。常采用的焊料球检测方法和程序为：①在氧化铝陶瓷或 PCB 基板的中心涂敷直径 12.7 mm、厚度 0.2 mm 的焊膏图形；②将该样件按实际组装条件进行烘干和再流；③焊料固化后进行检查。

（3）黏度。SMT 用焊膏的典型黏度是 200 ~ 800 Pa·s，对其产生影响的主要因素是焊剂、金属百分含量、金属粉末颗粒形状和温度。一般采用旋转式黏度剂测量焊膏的黏度，测量方法可见相关测试设备的说明。

（4）金属粉末氧化物含量。金属粉末氧化物是形成焊料球的主要因素，采用俄歇电子能普分析法能定量检测金属粉末氧化物含量。但价格贵且费时，常采用下列方法和程序进行金属粉末氧化物含量的定性测试和分析：①称取 10 g 焊膏放在装有足够花生油的坩埚中；②在 210 ℃的加热炉中加热并使焊膏回流，这期间花生油从焊膏中萃取焊剂，使焊剂不能从金属粉末中清洗氧化物，同时还防止了在加热和再流期间金属粉末的附加氧化；③将坩埚从加热炉中取出，并加入适当的溶剂溶解剩余的油和焊剂；④从坩埚中取出焊料，目测即可发现金属表面氧化层和氧化程度；⑤估计氧化物覆盖层的比例，理想状态是无氧化物覆盖层，一般要求氧化物覆盖层不超过 25%。

4. 焊剂的来料检测

（1）水萃取电阻率试验。水萃取电阻率试验主要测试焊剂的离子特性，其测试方法在 QQ‐S‐571 等标准中有规定，非活性松香剂（R）和中等活性松香焊剂（RMA）水萃取电阻率应不小于 100 000 Ω·cm；而活性焊剂的水萃取电阻率小于 100 000 Ω·cm，不能用于军用 SMA 等高可靠性要求电路组件。

（2）铜镜试验。铜镜试验是通过焊剂对玻璃基底上涂敷的薄铜层的影响来测试焊剂活性。例如，QQ‐S‐571 中规定，对于 R 和 RMA 类焊剂，不论其水萃取电阻率试验的结果如何，它不应有去除铜镜上涂敷铜的活性，否则即为不合格。

（3）比重试验。比重试验主要测试焊剂的浓度。在波峰焊接等工艺中，焊剂的比重受其溶剂蒸发和 SMA 焊接量影响，一般需要在工艺过程中跟踪监测，并及时调整，以使焊剂保持设定的比重，确保焊接工艺顺利进行。比重试验常采用定时取样，用比重计测量的方式进行，也可采用联机自动焊剂比重检测系统连接，自动进行。

（4）彩色试验。彩色试验可显示焊剂的化学稳定程度及由于曝光、加热和使用寿命等因素而导致的变质。比色计测试是试验常用方法，当测试者有丰富的经验时，可采用最简单的目测方法。

5. 其他来料检测

（1）黏结剂检测。黏结剂检测主要是黏性检测，应根据有关标准规定检测黏结剂把 SMD 黏结到 PCB 上的黏结强度，以确定其是否能保证被黏结元器件在工艺过程中受震动和热冲击不脱落，以及黏结剂是否有变质现象等。

（2）清洗剂检测。清洗过程中溶剂的组成会发生变化，甚至会变成易燃的或腐蚀性的，同时会降低清洗效率，所以需要定期对其进行检测。清洗剂检测一般采用气体色谱分析（GC）方法进行。

任务二　SMT 工艺过程检测

任 务 描 述

如图 5 - 1 所示为具有代表性的包含组装过程检测环节的 PCB 表面组装工艺流程。品质管理的目标就是不要把生产线上出现不良的电路板放至后工序，而是在各个制造工位后设置专用检测设备，及时检测、发现和修正不良现象。

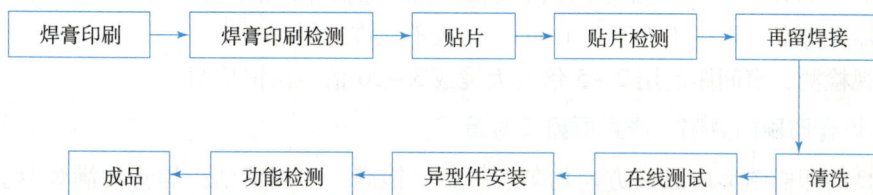

焊膏印刷 → 焊膏印刷检测 → 贴片 → 贴片检测 → 再留焊接

成品 ← 功能检测 ← 异型件安装 ← 在线测试 ← 清洗

图 5 - 1　表面组装与检测工艺流程

任 务 分 析

工艺过程检测包含印刷、贴片、焊接、清洗等各工序的工艺质量检测。由于在 SMT 生产中，焊膏印刷、贴片机的运行、回流焊炉焊接等均应列为关键工序，所以下面就从这几部分进行具体叙述。

必 备 知 识

5.2.1　锡膏印刷检测

1. 丝网印刷技术

丝网印刷技术是采用已经制好的网板，用一定的方法使丝网和印刷机直接接触，并使焊膏在网板上均匀流动，由掩膜图形注入网孔。当丝网脱开印制板时，焊膏就以掩膜图形的形状从网孔脱落到印制板的相应焊盘图形上，从而完成了焊膏在印制板上的印刷。

2. 印刷焊膏工序的检测

印刷完后为了能保证焊膏量均匀、焊膏图形清晰、无粘连、印制板表面无焊膏粘污等必须进行检测。

147

印刷工序是保证表面组装质量的关键工序之一。根据资料统计，在 PCB 设计正确、元器件和印制板质量有保证的前提下，表面组装质量问题中 70% 是出在印刷工艺上。因此，为了保证 SMT 组装质量，必须严格控制印刷焊膏的质量。

印刷焊膏质量的要求如下：

（1）施加的焊膏量均匀，一致性好。焊膏图形要清晰，相邻的图形之间尽量不要粘连。焊膏图形与焊盘图形要一致，尽量不要错位。

（2）一般情况下，焊盘上单位面积的焊膏量应为 0.8 mg/mm^2 左右。对于窄间距元器件，应为 0.5 mg/mm^2 左右（在实际操作中用模板厚度与开口尺寸来控制）。

（3）印刷在基板上的焊膏与希望重量值相比，可允许有一定的偏差，焊膏覆盖每个焊盘的面积应在 75% 以上。

（4）焊膏印刷后，应无严重塌落现象，且边缘整齐，错位不大于 0.2 mm，对于窄间距元器件焊盘，错位不大于 0.1 mm。基板不允许被焊膏污染。

目视检测，窄间距的用 2～5 倍放大镜或 3～20 倍显微镜检测。

3. 焊膏印刷的缺陷、产生原因及对策

优良的印刷图形应纵横方向均匀、挺括、饱满，四周清洁，焊膏沾满焊盘。用这样的印刷图形贴放器件，经过回流焊，将得到优良的焊接效果。

（1）焊膏图形错位。

产生原因：钢板对位不当，与焊盘偏移；印刷机精度不够。

危害：易引起桥连。

对策：调整钢板位置；调整印刷机。

（2）焊膏图形拉尖，有凹陷。

产生原因：刮刀压力过大；橡皮刮刀硬度不够；窗口特大。

危害：焊料量不够，易出现虚焊，焊点强度不够。

对策：调整印刷压力；换金属刮刀；改进模板窗口设计。

（3）锡膏量太多。

产生原因：模板窗口尺寸过大；钢板与 PCB 之间的间隙太大。

危害：易造成桥连。

对策：检查模板窗口尺寸；调节印刷参数，特别是 PCB 模板的间隙。

（4）图形不均匀，有断点。

产生原因：模板窗口壁光滑度不好；印刷次数多，未能及时擦去残留锡膏；锡膏触变性不好。

危害：易引起焊料量不足，如虚焊缺陷。

对策：擦净模板。

（5）图形沾污。

产生原因：模板印刷次数多，未能及时擦干净；锡膏质量差；钢板离开时抖动。

危害：易造成桥连。

对策：擦洗钢板；换锡膏；调整机器。

总之，锡膏印刷时应注意锡膏的参数，会随时变化，如粒度、形状、触变性和助焊剂性能。此外，印刷机的参数也会引起变化，如印刷压力、速度和环境温度。锡膏印刷质量对焊接质量有很大影响，因此应仔细对待印刷过程中的每个参数，并经常观察和记录相关系数。

5.2.2　元器件贴片检测

当焊膏在 PCB 上印刷成功时，进入贴片阶段。

1. 贴片技术

将 SMC，SMD 等各种类型的表面组装芯片贴放到 PCB 的指定位置上的过程称为贴装，相应的设备称为贴片机或贴装机。贴装技术是 SMT 中的关键技术，它直接影响 SMA 的组装质量和组装效率。

2. 贴片工序的检测

在焊接前把型号、极性贴错的元器件以及贴装位置偏差过大不合格的元器件纠正过来，比焊接后检查出来要节省很多成本。因为焊后的不合格元器件需要返工工时，材料可能损坏元器件或印制电路板（有的元器件是不可逆的），即使元器件没有损坏，但对其可靠性也会有影响，因此焊后返修成本高、损失较大。

因此有窄间距（引线中心距 0.65 mm 以下）时，必须全检。无窄间距时，可按取样规则抽检。

3. 检测方法

检测方法要根据各单位的检测设备配置及表面组装板的组装密度而定。

普通间距元器件可用目视检测；高密度窄间距元器件可用放大镜、显微镜或自动光学检查设备（AOI）检测。

4. 检测标准

按照企业标准或参照其他标准（表面组装工艺通用技术要求等标准）执行。

（1）矩形片式元件贴装位置。

优良：元件焊端全部位于焊盘上，且居中。

元件横向：焊端宽度的 1/2 以上在焊盘，即 $D \geqslant$ 宽度的 1/2 为合格。$D <$ 宽度的 1/2 为不合格。元件纵向：要求焊端与焊盘必须交叠，$D \geqslant 0$ 为不合格。

（2）小外形晶体管（SOT）贴装位置，具有少量短引线的元器件，如 SOT，贴装时允许在 X 或 Y 方向及旋转有偏差，但必须使引脚（含趾部和跟部）全部位于焊盘上。

优良：引脚全部位于焊盘上，且对称居中。

合格：有左右或旋转偏差，但引脚全部位于焊盘上为合格。

不合格：引脚处与焊盘之外的部分为不合格。

（3）小外形集成电路及四边扁平（翼或 J 形）封装器件贴装位置，SOIC，QFP，

PLCC 等器件允许有较小的贴装偏差，但应保证元器件引脚（包括趾部和跟部）宽度的 75% 位于焊盘上为合格；反之为不合格（以 SOP 件为例）。

优良：元器件引脚趾部和跟部全部位于焊盘，引脚居中。

引脚横向：元器件引脚有横向或旋转偏差时，引脚趾部和跟部全部位于焊盘，P 大于等于引脚宽度的 3/4 为合格。

引脚纵向：元器件引脚趾部有 3/4 以上在焊盘，跟部全部在焊盘为合格；否则为不合格。

5.2.3 回流焊焊接检测

当把芯片正确地贴到 PCB 后，为了使之牢固，必须进行焊接，且焊接后必须进行检测。

1. 检测方法

具体检验方法要根据各单位的检测设备配置来确定。如没有光学检查设备（AOI）或在线测试设备，一般采用目视检测，可根据组装密度，选择 24 倍放大镜或 3 ~ 20 倍显微镜进行检测。

2. 检测内容

（1）焊接是否充分，有无焊膏熔化不充分的痕迹。

（2）焊点表面是否光滑、有无孔洞缺陷及孔洞的大小。

（3）焊料量是否适中、焊点形状是否呈半月状。

（4）锡球和残留物的多少。

（5）吊桥、虚焊、桥接、元件移位等缺陷率。

任务三 组件清洗与返修

任务描述

表面组装自动化和组装制造工艺一直在为满足高的一次组装通过率要求而努力，但是 100% 的成品率仍然是一个可望而不可即的目标，不论工艺有多完美，总是存在着一些组装制造中无法控制的因素而生产出不良产品。PCB 组装中必须对废品率有一定的估计，而且可以用返修来弥补产品组装过程中产生的一些问题。

任务分析

SMA 的返修，通常是为了去除失去功能、引脚损坏或排列错误的元器件，重新更换新的元器件。或者说就是使不合格的电路组件恢复成与特定要求相一致的合格电路组件。返修和修理是两个不同的概念，修理是使损坏的电路组件在一定程度上恢复它的电气机械性能，而不一定与特定要求相一致。

必 备 知 识

5.3.1　不良 SMT PCB 的清洗

印刷目检员将印刷不良的 PCB 检出区分开，将区分开的印刷不良的 PCB 进行刮锡，先从 PCB 的中央向两边刮，直到刮干净为止。接下来就是清洗，清洗的步骤如下：

（1）先用白布浸入洗板水后，放在 PCB 的中央向板的两边擦洗，直到 PCB 上的残余锡膏擦洗干净为止（清洁时应视 PCB 上实际有锡膏的焊盘位置而定）。

（2）清洗好后的 PCB 先用风枪从 PCB 的反面吹气，将通孔中的残留锡膏吹掉，避免过炉后造成堵孔。

（3）再用风枪吹 PCB 的正面，将残留的杂质吹干净。

（4）清洁后的 PCB 放在防静电卡槽上进行自然风干，时间不低于 5 min。

5.3.2　溶剂法清洗的工艺流程

焊接后的板上总是存在助焊剂残留物和其他污染物，如残留胶、手迹、飞尘等，即使固体含量低的免洗助焊剂，仍然或多或少地存在残留物。助焊剂残留物的离子污染会导致表面绝缘电阻下降或者因腐蚀而造成开路，影响电子产品的可靠性和寿命。另外，由于工作电压越来越高，未清洗的电路板组装件的长期可靠性令人担忧。所以焊后清洗极为重要。

1. 间歇式清洗（汽相清洗）

先将 SMA 放在清洗机的蒸汽区内（清洗机四周有冷凝管），有机溶剂被加热至沸，其蒸汽遇到冷的工件表面后又形成溶剂，并与表面污染物发生作用，最后随液滴下落至焊接面并带走污染物，再用冷凝回收下来的洁净溶剂对工件进行喷淋，冲刷掉污染物。喷淋后工件仍在蒸汽区内，当表面温度达到蒸汽温度时，表面不再出现冷凝液滴，此时工件已经洁净干燥。最后取出工件即可，如图 5-2 所示。

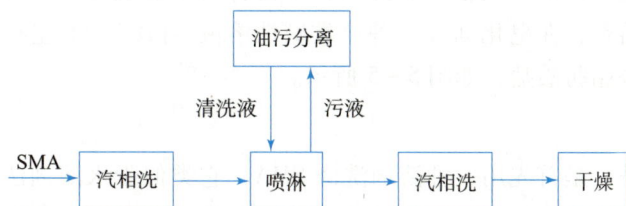

图 5-2　间歇式清洗

这种方法清洗的工件没有二次污染，是一种全洁净的清洗，适用于污染不严重，而洁净度要求较高的情况

2. 沸腾超声清洗工艺

先将被清洗的工件浸入在超声槽中，溶剂升温至沸点，激活超声波发生器，超声波发生器发出高频振荡信号，通过换能器将高频振荡波转化为机械振荡，激励清洗剂，它会促使清洗剂生成许多小气泡，小气泡爆炸消失，这样循环不断，并产生瞬间高压。这种现象在超声清洗中称为"空化效应"，这种空化效应具有很强的冲击力和扩散作用，有利于清洗剂渗透到 SMD 底层，清洗底层的污染物，如图 5 - 3 所示。

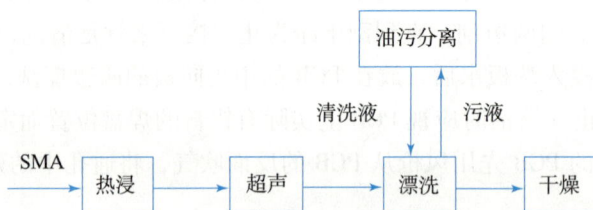

图 5 - 3　沸腾超声清洗工艺

在超声波的作用下，这样清洗效果好，适用于污染较严重的 SMA。

3. 连续式溶剂清洗工艺

连续式溶剂清洗工艺原理同间歇式溶剂清洗，即先将 SMA 放入蒸汽区清洗，接着浸入溶液区（二级）接受高压喷淋（或超声波清洗），最后通过蒸汽区。整个流程是连续自动运行的，能大批量生产，且没有操作者人为的因子，蒸汽损失较小，如图 5 - 4 所示。

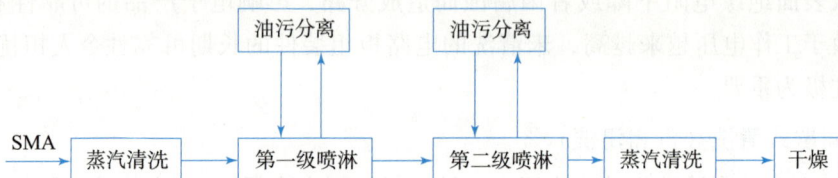

图 5 - 4　连续式溶剂清洗工艺

这种方法特别适合大批量 SMA 清洗用。

4. 皂化法水清洗

目前焊接工艺中经常使用松香型焊剂，而松香的主要成分是松香酸，利用皂化法原理，即以水为溶剂，在皂化剂（一种氨类碱性溶液，pH 为 11 左右）作用下，把松香变成水溶性松香脂肪酸盐，如图 5 - 5 所示。

5. 半水清洗

所谓半水清洗，是首先用一种溶剂洗涤 SMA，它类似于水溶剂法清洗，然后用水漂洗，从而实现去除污染物的目的，最后将被清洗的对象烘干，它类似水洗，这种方法处于溶剂清洗和水清洗之间，所以称为"半水洗"，如图 5 - 6 所示。

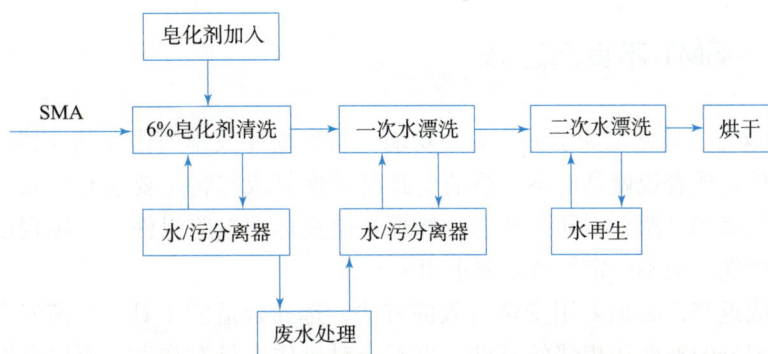

图 5－5　皂化法水清洗

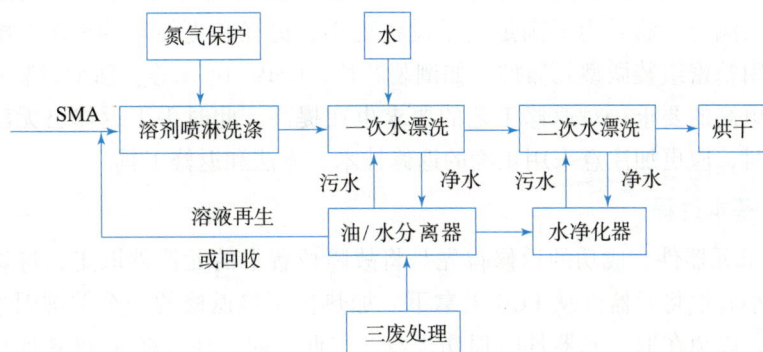

图 5－6　半水清洗

6. 净水清洗法

净水清洗 SMA 的方法主要是为了适应焊接工艺使用水溶性助焊剂（焊膏）而提出的。洗涤和漂洗都是用净水或纯水。纯水清洗比较简单，并具有设备简单、成本低和操作维修方便等优点，不足之处是水溶性助焊剂（焊膏）质量不太稳定，工艺难控制，如图 5－7 所示。

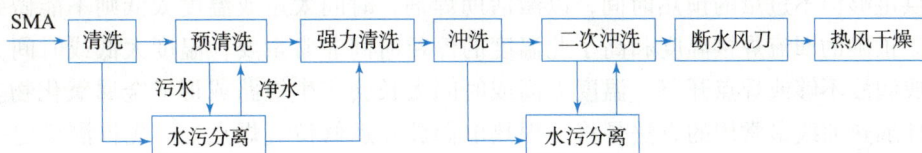

图 5－7　净水清洗

清洗后测定清洁度的常见方法有目视检查、溶液提取法和测量表面绝缘电阻。在目视检查中，是通过显微镜检查电路板。溶液提取法是把电路板浸泡在异丙基酒精和去离子（DI）水中，测定传导性。测量表面绝缘电阻法是定量化测试，且直观、可靠，但是难度也大，需要在板上设计专门的测试电路。

5.3.3 SMT 不良品返修

SMA 的返修，通常是为了去除失去功能、引脚损坏或排列错误的元器件，重新更换新的元器件，或者说就是使不合格的电路组件恢复成与特定要求相一致的合格电路组件。返修和修理是两个不同的概念，修理是使损坏的电路组件在一定程度上恢复它的电气机械性能，而不一定与特定要求相一致。

为了完成返修，必须采用安全有效的方法，选择合适的工具。所谓安全，是指不会损坏返修部分的器件和相邻的器件，也不会对操作人员有伤害。所以在返修操作之前必须对操作人员进行技术和安全方面的培训。人们习惯上将返修看作是操作者掌握的手工工艺，实际上，高度熟悉的维修人员也必须借助返修工具才可以使修复的 SMA 产品完全令人满意。然后为了满足电子设备更小、更轻和更便宜的要求，电子产品越来越多地采用精密组装微型元器件，如倒装芯片、CSP、BGA 等。新型封装器件对装配工艺提出了更高的要求，对返修工艺的要求也在提高，此时手工返修已无法满足这种新要求。此时，应更加注意采用正确的返修技术、方法和返修工具。

1. 返修基本过程

（1）取下元器件。成功的返修首先是将故障位置上的元器件取走，将焊点加热至熔点，然后小心地将元器件从 PCB 上拿下。加热控制是返修的一个关键因素，焊料必须完全熔化，以免在取走元器件时损伤焊盘。与此同时，还要防止 PCB 加热过度，不应因加热造成 PCB 扭曲。

（2）PCB 和元器件加热。先进的返修系统采用计算机控制加热过程，使之与焊膏制造厂商给出的规格参数尽量接近，并且应采用顶部和底部组合加热的方式。底部加热用以升高 PCB 的温度，而顶部加热则用来加热元器件，元器件加热时有部分热量会从返修位置传导流走，而底部加热则可以补偿这部分热量而减少元器件在上部所需的总热量。另外，使用大面积底部加热器可以消除因局部加热过度而引起的 PCB 扭曲。

（3）加热曲线。加热曲线应精心设置，先预热，然后使焊点回焊。好的加热曲线能提供足够但不过量的预热时间，以激活助焊剂，时间太短或温度太低则不能做到这一点。正确的回流焊接温度和高于此温度的停留时间非常重要，温度太低或时间太短会造成润浸不够或焊点开路。温度太高或时间太长会产生短路或形成金属氧化物。实际最佳加热曲线最常用的方法是将一根热电偶放在返修位置焊点处，先推测设定一个最佳温度值、温升率和加热时间，然后开始试验，并把测得的数据记录下来，将结果与所希望的曲线相比较，根据比较情况进行调整。这种试验和调整过程可以重复多次，直至获得理想的效果。

（4）取元器件。一旦加热曲线设定好，就可准备取走元器件。返修系统应保证这部分工艺尽可能简单并具有重复性。加热喷嘴对准元器件以后即可进行加热，一般先从底部开始加热，然后将喷嘴和元器件吸管分别降到 PCB 和元器件上方，开始顶部加热。加热结束时，许多返修工具的元器件吸管中会产生真空，吸管升起将元器件从

PCB 上提起。在焊料完全熔化以前吸起元器件会损伤 PCB 上的焊盘，"零作用力吸起"技术能保证在焊料液化前不会取走元器件。

（5）预处理。在将新元器件换到返修位置前，该位置需要先做预处理。预处理包括除去残留的焊料和添加助焊剂或焊膏。①除去焊料。除去残留焊料可用手工或自动方法。手工方式的工具包括烙铁和铜吸锡线，不过手工工具用起来很困难，对于小尺寸 CSP 和倒装芯片焊盘，还很容易使其受到损伤。自动化焊料去除工具可以非常安全地用于高精度板的处理，有些清除器是自动化非解除系统，使用热气使残留焊料液化，再用真空将熔化的焊料吸入一个可更换过滤器中。清除系统的自动工作台一排一排地一次扫过线路板，将所有焊盘阵列中的残留焊料除掉。对 PCB 和清除器加热要进行控制，并提供均匀的处理过程，以避免 PCB 过热。②添加助焊剂和焊膏助焊剂、焊膏。在大批量生产中，一般用元器件浸一下助焊剂，而在返修工艺中则是用刷子将助焊剂直接刷在 PCB 上。CSP 和倒装芯片的返修很少使用焊膏，只要稍稍使用一些助焊剂就足够了。BGA 返修场合，焊膏涂敷的方法可采用模板或可编程分配器。许多 BGA 返修系统都提供一个小型模板装置来涂敷焊膏，该方法可用多种对准技术，包括元件对准光学系统。在 PCB 上使用模板非常困难的，并且不太可靠。为了在相邻的元器件中间放入模板，模板尺寸必须很小，除了用于涂敷焊膏的小孔就几乎没有空间了，由于空间小，因此很难涂敷焊膏并取得均匀的效果。设备制造商们建议多对焊盘进行检查，并根据需要重复这一过程。用元器件印刷台直接将焊膏涂在元器件上，这样不会受到旁边相邻元器件的影响，该装置还可在涂敷焊膏后用作元器件容器，在标准工序中自动拾取元器件。焊膏也可以直接点到每个焊盘上，方法是使用 PCB 高度自动检测技术和一个旋转焊膏挤压泵，精确地提供完全一致的焊膏点。

（6）元器件更换。取走元器件并对 PCB 进行预处理后，就可以将新的元器件装到 PCB 上了。制定的加热曲线应仔细考虑，以避免 PCB 扭曲并获得理想回流焊接效果。利用自动温度曲线制定软件进行温度设置可作为一种首选的技术。

（7）元器件对位。新元器件和 PCB 必须正确对准，对于小尺寸焊盘和细间距 CSP 及倒装芯片器件，返修系统的放置能力必须能满足很高的要求。放置能力由两个因素决定，即精度（偏差）和准确度（重复性）。一个系统可能重复性很好，但精度不够，只有充分理解这两个因素，才能了解系统的工作原理。重复性是指在同一位置放置元件的一致性，然而一致性很好，不一定表示放在所需的位置上；偏差是放置位置测得的平均偏移值，一个高精度的系统只有很小或者根本没有放置偏差，但这并意味着放置的重复性很好。返修系统必须同时具有很好的重复性和很高的精度，以将器件放置到正确的位置。对放置能力进行试验时必须重视实际的返修过程，包括从元器件容器或托盘中拾取、对准以及放置元器件。

（8）元器件放置。返修工艺选定后，PCB 放在工作台上，元器件放在容器中，然后用 PCB 定位，以使焊盘对准元器件上的引脚或焊球。对位完成后元器件自动放到 PCB 上，放置能力反馈和可编程力量控制技术可以确保正确放置，不会对精密元器件造成损伤。

（9）其他工艺注意事项。小质量元器件在对流加热过程中可能会被吹动而不能对准，一些返修系统用吸管将元器件固定在位置上防止它移动，这种方法在定位元器件时需要有一定的热膨胀余量。元器件对准时不能存在表面张力，该方法很容易把 BGA 类元器件放得太靠近 PCB（短路）或者不离开（开路）。防止元器件在回流焊接时移动的一个好方法是减小对流加热的气流量，一些返修系统可以编程设置流量，按工艺流程要求降低气流量。最后喷嘴自动降低开始进行加热。自动加热曲线保证了最佳加热工艺，系统放置能力则确保元件对位准确。放置能力和自动化工艺合在一起可以提供一个完整且一致性好的返修工艺。

2. 返修加热方法及其返修工具

可以用三种方法对 PCB 加热，即热传导加热、辐射加热和热空气对流加热。传导加热时热源与 PCB 相接触，这对背面有元器件的 PCB 不适用。辐射法使用红外（IR）能，比较实用，但由于 PCB 上各种材料和元器件对红外线吸收不均匀，故也会影响质量。对流加热被证明是返修和装配中最有效和最实用的技术。

（1）热空气对流加热返修。热空气对流加热方法是将热空气施加到 SMA 上要返修的器件引脚焊缝处，使焊料熔化。

常用两种类型的对流加热返修工具为手持便携式和固定组件式。

①手持便携式热空气返修工具。手持便携式热空气返修工具重量轻，使用方便。采用这种返修工具时，要为不同类型的 SMD 设计特殊的热空气喷嘴。操作时要精确地控制加热的空气流，使之喷流到与被返修的器件引脚相对应的焊盘位置上，而又不会使相邻器件焊缝上的焊料熔化。焊缝上的焊料熔化后，即刻用镊子夹取器件或用热空气工具将器件引脚推离焊盘，完成拆焊操作。更换新器件可用镊子进行取放操作。用普通烙铁进行焊接操作或用手持式热空气返修工具进行回流焊接操作。

②固定组件式热空气返修系统。固定组件式热空气返修系统有通用型和专用型。通用型用于常规元器件的返修；专业型用于 BGA 类焊点不可见的元器件的返修。通用型工作原理与手持式热空气返修工具相同，对应于不同的 SMD 有不同的特殊热空气喷嘴。但是，它能半自动地用热空气喷嘴加热器件引脚，焊料熔化后能用安装在喷嘴中央并与喷嘴同轴的真空吸嘴拾取拆下的器件。这种固定式返修工具有不同的结构形式，一种结构形式是在 PCB 下面设置一个用于预热 SMA 的热空气喷嘴，以减少 SMA 所受的热冲击，避免返修引起的 SMA 故障。这种结构使要返修的组件放在两个固定的热空气喷嘴之间。还有一种结构形式是通用喷嘴固定组件式热空气返修工具。它的喷嘴可根据拆焊的元器件类型进行调整。另外，这种喷嘴设置了两种空气通孔，内侧是热空气通孔，外侧是冷空气通孔（小孔），这种喷嘴结构可有效地防止邻近器件引脚焊接部位受热。

（2）传导加热返修。BGA 器件具有高的 I/O 数量、易于 SMA 产品的小型化等优点，应用越来越广泛。但由于其焊点阵列面在下面不可见，返修操作比较困难，必须借助专用返修设备和返修工具进行。装有 PBGA 器件的 SMA 返修工艺包含 BGA 拆除、重新补加焊料球、回流焊接等过程。

①BGA 器件拆除。将 BGA 器件从 SMA 上拆除，可采用专用夹具嵌抱器件后加热

至共晶合金焊料融化时取下 BGA 器件，也可采用喷嘴式热风通用返修工具进行加热。采用专用夹具加热的特点是对器件整体的加热温度均匀，操作时间短，易于控制，不易损坏器件。采用喷嘴式热风加热时，易形成 BGA 器件局部受热温度过高现象，操作较难，容易损坏器件。为使 BGA 器件整体均匀受热，加热过程中应控制热风喷嘴在 BGA 器件上有规律地移动或旋转。BGA 器件从 SMA 上拆除后，有部分焊料或焊料球仍将保留在 PCB 上，部分被 BGA 器件携带，若是 PBGA 器件，还会拉成丝状。为此，必须对它们进行清理和焊料球修复或补加。

②焊料球修复。BGA 器件的焊料球修复一般可采用三种方法。一是预成形成法，该方法将已备焊料球嵌入水溶基焊剂中，将 BGA 面向下通过回流焊接实现，修复成本较高。二是模仿原始制造技术，即在 BT 玻璃基板上印刷焊膏及将焊料球自动填加到面向下的 BGA 上的厚模板中，修复成本比预成形成法低。但当焊料球过多时，应拆除模板进行回流焊接。三是焊膏印刷法，成本较低，该方法使用专用模板在 BGA 器件上印刷焊膏，用温控热风加热，回流过程中模板保留在器件上，能保证焊料球可靠定位，回流焊接后再取下模板。模板一般采用冷轧不锈钢板制成，可重复使用。

③返修焊接。返修焊接前对 PCB 焊盘进行清理，重新印刷焊膏，贴上 BGA 器件后进行回流焊接。装有 CBGA 器件的 SMA 返修比装 PBGA 器件的 SMA 返修简单，由于 CBGA 器件的焊料球是非坍塌高温焊料球，拆卸后可重复利用，但其前提是不损坏。为此，CBGA 器件在拆除和清理加热过程中要特别注意温度控制，不能形成高温回流。器件加热（或称顶部加热）一般采用对流热气喷嘴，仔细控制顶部加热，使器件均匀受热是极为重要的，特别是对小质量器件尤为关键。还有很重要的一点是，要避免返修工位附近的元器件再次回焊，吸嘴喷出的热气流必须与这些元器件隔离，可以在返修工位周围的元器件上放一层薄的遮板或者掩膜。掩膜技术相当有效，不过比较麻烦，又费时。

参 考 文 献

［1］ 翰满林 . 表面贴装技术［M］. 北京：人民邮电出版社，2010.

［2］ 龙绪明 . 电子表面贴装技术［M］. 北京：电子工业出版社，2008.

［3］ 杜中一 . SMT 表面贴装技术［M］. 北京：电子工业出版社，2009.

［4］ 路文娟，陈华林 . 表面贴装技术（SMT）［M］. 北京：人民邮电出版社，2013.

［5］ 何丽梅 . SMT：表面贴装技术［M］. 北京：机械工业出版社，2006.